人気パティシエのDNA

旭屋出版

人気パティシエのDNA

人気パティシエのDNA

006

オ・グルニエ・ドール

西原金蔵

にしはら　きんぞう

1953年岡山県生まれ。京都グランドホテル（現リーガロイヤルホテル京都）で勤務後辻調理師専門学校入学。1979年から3年間在仏。神戸ポートピアホテル　アラン・シャペルを経て1987年アラン・シャペル　ミヨネー本店製菓長。帰国して資生堂パーラー総製菓長などを歴任後、2001年オ・グルニエ・ドール開業。

「隣のおじちゃん、おばちゃんにおいしい、と言ってもらいたい！」

京都の台所といわれる錦市場。その賑わいと隣り合わせの「オ・グルニエ・ドール」は、開店を待ちかねて長い列ができる人気店だ。オーナーシェフの西原金蔵氏は、フランス料理界の巨星と称されたアラン・シャペル氏に認められ、世界を舞台に腕を振るってきた。その西原氏が独立開業に当たって気にかけたのは、果たして近所の人も「おいしい」と言ってくれるのか、ということだった。

柿が熟すのを待ちかねて、小鳥と競争で食べてましたよ。

僕は岡山の生まれで、家は兼業農家でした。食べるものに関しては、いなかのことですから、素朴で身近なものが多かったかな。それにおじいちゃん、おばあちゃん子でしたから、おばあちゃんのおやつは好きでしたね。粟を炒ってお砂糖でからめて、いわゆる岩おこしのような感じのものを作ってくれていました。今思えば、煮詰めが浅いからやわかくて、スプーンで食べるんだけど、おいしかった。甘酒なんかも家で作っていて、蔵に入ってては麹の端をちぎってつまみ喰いしてました。お米を噛みしめた時の自然の甘み。あの味はよく覚えていますね。私たちの年代では、洋菓子的なものが身近にあったわけではないですから、季節季節に自然に成るもの、庭先の果物などがイコールおやつといった感じでした。夜なんか口さみしくて何かおやつが食べたいなと思うと、姉と一緒に暗い中を懐中電灯で照らしながら、採りに行くんですね。おいしくなった実は小鳥が食べてしまいますから、小鳥が食べる直前をもぎとって食べるんです。それは、おいしかったですよ。木で完熟した果実のおいしさは、小さい頃からしっかり知っていたと思います。

いなかは冠婚葬祭すべてを家でします。また、男子厨房に入らずといいますが、日々の料理は別として、行事の料理、たとえば祭りの料理、お正月の料理などメインになるものは男の手でされていました。餅つきはもちろん、大きい魚をおろすことなどは、男がするのが普通でしたよ。ですから私も、父親が厨房に入るということに、小さい頃から親しんでいましたし、自分でも、料理とはいえないまでも何かと手伝って、調理には慣れ親しんでいたと思います。そういう意味では、調理することは自然のことでした。

洋菓子に関しての唯一の思い出は、クリスマスケーキ。小学校高学年だったでしょうか。バタークリームのケーキで、味もなんとなく覚えています。ショートニングで作ったようなクリームがスポンジにサンドされていて、ドレンチェリーとアラザン、ろうそくでできたサンタクロースがちょんとのっていました。そのクリスマスケーキが私にとって、洋菓子の最初かもしれません。

料理以外のことでお話しすると、僕は、どちらかというとワンパクで、3人の姉の一番下のボンクラ息子なんで（笑）、好き勝手に育ったように思います。のんびりと、自由に。元気だけが取り柄で、ごくごく普通の少年時代でした。特別に勉強ができたわけでもないですが、幼稚園から中学まで、学校に行くことだけは好きでした。末っ子気質ですから、学校でも同級生にも面倒をみてもらって、それが恥ずかしいでもなく…晴れた日なんか田んぼの中をあちこち走りまわりながら帰る。そんな少年期を送れたのは、幸せでしたね。

そうやって高校まで行って、さてこの先どうしようかと考えました。私は長男なので本来はいなかで両親と過ごすというのが普通なのですね。最初は父親が勤めていた会社に入社しました。一年半ぐらい経った時に、自分にとっては接客業が向いているのかな、と思い始めました。知り合った先輩が、喫茶店をやっていてそれを見たりちょっと手伝ったりしているうちに、そう思ったんですね。それで父親に相談すると、一度は言うことを聞いて（地元で会社勤めをして）くれたから、父母が元気な間は好きなことをしなさい、と理解してくれました。最終的には京都のグランドホテル（現リーガロイヤルホテル京都）に入りました。京都には姉や叔母、いとこたちがいましたから、東京行きには難色を示した両親も、京都ならいいだろうと安心してくれました。

「一度社会に出てから学校に入ったから本当に知りたいことがわかっていた。」

京都グランドホテルでは3年半ぐらい働きました。ホテルでのポジションは接客でしたが、仕事の合間には厨房に出入りしていました。ホテルの厨房というのは普通は入れてもらえないのですが、どういうわけか可愛がってもらって、ジャガイモの皮をむいたり、使い走りのようなことをしていました。いろいろなことをさせてもらっているうちに、料理を作る仕事がしたい、と思い始めたのです。

調理を短時間で身につけるにはどうしたらいいか。調理師学校に行ったほうがいいと結論を出し、ホテルを辞め、辻調理師専門学校（以下、辻）へ行きました。

当時、辻には製菓がなくて調理科だけでしたが、私は調理も好きでした。その頃、グランドホテルの地下に「グラナダ」というバーがって、ひたすらそこに憧れていたんです。子どもでしたから、これぞ大人の世界、と思ったのでしょう。私はお酒は飲めないのですが、一人で静かに座って、ちょっとした料理を食べて、いい時間を過ごす場所。バーはそういうイメージでした。料理を覚えるということは、憧れのバーの料理につながるわけで、それで料理も一生懸命勉強しました。ただ、お菓子に進むんだという気持ちは、自分の中でありました。特に飾り菓子は好きでしたね。飾り菓子は非常に長い時間をかけて組み立てますが、小さい頃、プラモデルが好きだった、その性質が飾り菓子にぴったりだったのでしょう。

学校で調理を体系的に学んだことは、非常によかったですね。振り返って考えると、小学生の頃から学ぶということに対して目的が持てなかったのです。自ら、学ぼう、という気持ちになったのは、その時が初めてでした。厨房と学校の違い？　厨房の現場では、先輩のやることを見て覚えるわけですが、しょせん物真似で、作業を覚えたことにしかなりません。作業の根底には、調理理論があり目的があるわけですが、何度でも失敗できるような時間が与えられていればいいけれど、今の時代はそんな余裕がありませんから、現場で会得するのは無理でしょう。体で覚えるということは実際ありますが、なかなか難しいと思いますよ。

とにかく、私は、学校に行ってよかった。それも一度社会に出てから行ったことがよかったです。これを知りたかった、ということを目の前で見せられれば、100パーセント吸収できます。今だに、包丁の研ぎ方、持ち方、切り方などは、学校時代に得た知識でやっていますよ。

余談ですが、今、私は専門学校の講師もしています。生徒を見ていると、単に就職したくて学校に来る子が多いですね。そういう子は目的が定まっていませんから、学習しても身につかない。もったいないと思います。

当時、辻ではフランス料理、フランス菓子に力を入れていて、三ツ星クラスのシェフたちを講師として招いていました。その様子を見て、調理を見て、一度はフランスを見てみたい、行くしかない、という気持ちになりました。

資金を貯めるため、せっせとアルバイトをしました。学校を卒業した後も、淡路島のホテルを立ち上げるのを手伝って、半年間働きました。ホテルで3年間働いた経験が役立ってかなりの給料がいただけたので、フランス行きの資金を貯めることができました。ホテルでの経験も学校に行った経験も、後々まで役立つのですが、まとめて考えると、経験というのは評価を受けて初めて経験と言えるのではないでしょうか。そうでなくては自己満足に過ぎません。

フランスに行きたいという気持ちの一方で、岡山の両親の元に帰らなければというプレッシャーも大きく、その板挟みで悩みました。両親が理解してくれるだけに余計、早く形にして返したい、と焦りました。それが目的意識を作り、意欲を強くしたと思います。そして目的を貫くためにフランスに旅立ちました。

その頃、ちょうど親しい友人がフランスに行っていました。運よく仕事があればするし、ダメでもいい。そんな感じで、とりあえず、友人のアパートに居候させてもらいました。

休憩時間をつぶして
飾り菓子を作った。
アラン・シャペルに
感謝の気持ちを贈るために。

専門学校の卒業作品も飾り菓子だった。25 歳の頃

フランスには結局、3年いました。「レカミエ」などで働いたり、日本食レストランで買い出しの手伝いをしたこともあります。ヨーロッパで一番大きい市場「ランジス」に行くと、世界中から珍しい食材が集まっているんです。素材も料理も日本の学校で学んだのとはまったく違いました。ただ学校で習っていたからこそ理解が深くなった、という部分はあります。外国で修業するなら、ある程度の知識を持って行くほうがいいし、学校でフランス人に接していた、というのもよかったですね。フランス語を勉強してたら、もっとよかったでしょうけれど。それが私の甘いところです（笑）。厨房はフランス語だけの世界で、そこへ入っていくのですから、大変でした。

そのとき26歳でしょう。フランスではだいたい15歳、16歳で現場研修に来ますから、見習い仲間のみんなとは10歳ぐらい差がありました。「レカミエ」にいたとき、オーナーの親戚の14歳の子と仲よくなりました。「キンゾー、お前何歳だ」と聞くから、26歳だというと、「今からどうするんだ」と驚いていました。26歳というとフランスではスーシェフか、各パートのシェフになっているわけですから、まだ見習いをしていれば、それはびっくりしますよね。

ある日、彼が、試験があるから手伝ってほしいと言います。彼が暗記したことが正しいかを、ノートで確認する役割なんですが、そのとき、フランスで「学ぶ」ことはどういうことかを知りました。配合、作り方の手順など、レシピを全部、マル暗記するのです。それを全員がしているわけです。なるほど、ベースをマル暗記して、みんなが同じレベルで、共通の知識をもって仕事をしているのだな、と思いました。日本の調理師学校ではマル暗記はしないですから、面白く感じました。その時は、なるほどと思った程度ですが、後から考えると納得のいくやり方ですね。

3年後の1981年に帰国しました。3年間で、ずいぶん得ることが多かったです。いろいろな場所で働く中で、現在のベースができ始めたという感じです。小さい頃から甘えてきたのが、フランスでは自分だけが頼りですから、生活やお金の厳しさも知りました。コーヒー1杯飲むのも、どうしようか考えるという体験は、初めてですね。我々以前も含めて1950年代から70年代の人たちは、

「修業の中で絶対に何かを得て帰ろう」という強い意志をもってフランスにいたのではないでしょうか。

帰国直前に、せっかくフランスに来たのだから、思い出として何かを形に残したいと思って、アルパジョンコンクール（毎年アルパジョン市で開催される由緒あるコンクール）に出て、銅賞をいただきました。

キンゾー、ミヨネーに来ないか？

帰国後1年は京都で働き、その後、神戸のアラン・シャペルに入りました。アラン・シャペルは私がフランスにいた当時から、MOF（フランス国家最優秀料理賞）を持ち、最年少で三ツ星までとって話題になっていました。日本に帰って1年後に、神戸ポートピアホテルに行く機会があり、偶然に知人がホテルにいて、「アラン・シャペル」の専属のパティシエとして来ないかという話になりました。その話が暗礁に乗り上げているうちに、シャペルさんに会う機会が来ました。フェアの応援に行った時です。

シャペルさんは、お前ができることをすべてやってごらん、ということしか言わない。そんな感じでしたが、準備段階からじっと観察されている視線は感じましたね。私なりに作ったら、さっと見ただけで、「いいだろう、ワゴンに出しなさい」と言います。今思うと、お客さんの反応を見たのでしょうね。この後、シャペルさんの要請で勤務できることになりました。それから3年間、神戸ポートピアホテルの「アラン・シャペル」におりました。シャペルさんは年に2度、来日します。私は感謝の気持ちを表わしたくて、毎回、飾り菓子を贈りました。半年間の休憩時間をすべて当てて作ったものです。シャペルさんは非常に喜ばれて、ある時はフランスに持ち帰ってくれました。

2年を過ぎた頃、ミヨネーの本店に呼んでくださいました。その時、私がうれしかったのは、「フィフティ・フィフティ」と言ってくださったこと。英語で言われましたね。フランスにキンゾーが来るのは、私にとってもお前にとっても同じだけよいことだよ、どちらにとってもフィフティ・フィフティだ、ということですね。私は結婚して子どもも生まれていたのですが、私が提示したすべての条件を満たし、滞在許可証の手続きなどもしていただきました。

ミヨネーの「アラン・シャペル」にはオードブルのシェフ、肉のシェフ、魚のシェフなど各パートに6人のシェフがいて、私はデザートのシェフというポジションをいただきました。シャペルさんはその6人のシェフとしか打ち合わせをしません。私は、今でも後悔するのですが、フランス語が十分ではありませんでした。それでも、私を飛び越えて私の下にいるフランス人スタッフに直接話すことはしませんでしたね。身ぶり手ぶりを交えて懇切丁寧に説明してくれる。シャペルさんが伝えるのは、こんなもの、こんな感じ、というだけで、配合とか作り方は一切ないわけです。それを聞き、私の中にイメージをし、シャペルさんがいわんとするところを感じとって、再現するわけです。できたものを見せると、いやこれは違う、こんな感じではない、と言われてやり直し。でも、思ったものができた時は、マダム・シャペルやサービスの人たち全員を呼んで、「キンゾーが作ったんだ、どうだ、すごいだろう!」と、私の手柄としてほめてくれる。自分の発想のすごさとか、自分がイメージしたとかは、一切言わないのです。そうやって、人の可能性を引き出すのですね。だから、こちらも、次は何をして驚かせようと常に考えていたし、自分のでき得ることはすべてやりました。常に、雲の上のもの、新しいものをつかもうとしていました。

ルセットを越えたところに本当のおいしさがある。

シャペルさんはフェアのために世界中をまわりましたが、私を必ず連れて行かれました。その時に私はシャペルさんに「食育」を受けたのだ、と思いますね。行く先々で、その土地の最高のものが振る舞われ、私たちスタッフも同じテーブルに着くのですが、隣でシャペルさんが「このコショウの香りはこんなだ、これにはこれこれが入っている、次はこんな味が出て来るぞ」というようなことを言うのです。知らないものの味、自分の中にない味はわからないですよね。それをシャペルさんの言葉を聞くことで、ずいぶん体験させていただきました。味覚というのは小さい頃に覚えるものでしょうが、私はその時30歳を超えていたにも関わらず、たくさんの味を覚え、たくさんの発見をしました。

アラン・シャペルは料理人なので、確かにお菓子の作り方を教えてもらったわけではありません。私がシャペルさんから学んだのはもっと大きなもの、料理哲学です。「ルセットを越える」というシャペルさんの言葉が、私は大好きなんです。「越える」というところに大きな意味を感じます。料理の方々はそういう感覚を持っているかもしれませんが、パティシエには少ない感覚です。お菓子には決められた配合、きちっとした作り方があり、それがよしとされます。確かに正しいのですが、よりおいしいものを作ろうとすると、常に同じということはあり得ません。自然のもの、たとえば、果物の熟し具合は日によって違うでしょう。よりおいしくしようとすれば、素材に応じて配合は変えなければなりません。誰のために作るか、によっても違ってくるでしょう。それが、最高の味に到達する技術です。ミヨネーでの2年間が、私のお菓子作りをずいぶん変えました。お菓子は「配合」ではないです。その時の「素材」と「インスピレーション」「感覚」です。パティシエも調理人、「お菓子の調理人」と考えれば、「ルセットを越える」ことは当たり前のことなんですね。

こういうことも感じました。日本の文化は、枠の中からはみ出さないで、枠の中を深く深く掘り下げていきますね。シャペルさんは違うのです。彼にとって大事なのは、基本というベースからどれだけ大きく飛び出せるか。「枠の中から脱出するのだ」、とよく言っていました。だから、びっくりするような注文がありましたよ。アイスクリームで紐を作れ、とか。イメージがすごいのです。お菓子に再現するのは大変だったけれど、できたときの達成感は大きかったです。

帰国する時は、シャペルさんに引き止められました。しかし、子どもが幼稚園に入る年齢になったので、中途半端なことはさせたくない、と帰国しました。いつかまた一緒にできることを約束して。ところが、帰国して間もなく、シャペルさんが急死されたのです。最初は信じられなかったぐらい急なことでした。

その後、ジャック・ボリーさん（MOFをもつ、銀座の「ロオジエ」元総料理長）から電話があって、一緒に仕事をしないかと誘っていただきました。それが資生堂パーラーです。私にとって、資生堂パーラーは飛躍の場所になりました。銀座という場所柄とともに、社長の理解で自由にさせていただいたので、思いきり個性が発揮できました。リニューアルオープンまでに1か月の時間をいただいて、最初に手がけたのが「ピラミッド」です。

ピラミッドはルーブル美術館の玄関をモチーフにしています。あの玄関ができたときは、オープニング・レセプションにシャペルさんの料理が出され、私も同行しました。その玄関を見た時は、驚き、感動しました。ルーブル美術館はデコラティブな石造りの建物でしょう。そこにシャープな鉄とガラスで、ピラミッドという古代の形を再現している。一見、アンバランスなバランス。夕方で周囲のガス灯が順番に灯っていく。光がこぼれる瞬間というのが限りなく美しい。デザインしたのは中国人。それを受け入れたフランスという国って、すごいなと。

資生堂パーラーの初日には、このルーブルの玄関をモチーフにしたお菓子を作ることにしました。シャープな線が出せる型が必要だったのですが、私は東京を全然知りませんでしたから、自分で仕入れ先をめぐりました。たまたま見つけたのがゼリーの型だったんですが、これが使えるとわかった瞬間に、全体の形が閃きましたね。とにかくシャープにしたい、それには表面はチョコレートで、と。ああいうお菓子は、考えてもできるものではありません。閃きですね。当時、東京のお菓子は、「エルドール」を筆頭に、小さくて工芸菓子のように美しかった。そんなときに、びっくりするぐらい大きいピラミッドを出したので、驚かれましたね。ショーケースには大理石を敷き、その上にじかに、真っ直ぐに並べました。あの頃は、甘くないことがおいしいとされていたのですが、ピラミッドは濃厚で甘かった。形も味も個性的だったので話題を呼び、その後しばらくは取材攻めになりました。

資生堂パーラーに7年いて、美家古食品のトロワグロ事業部、舞子ホテルを経て、自分の店を開きました。2001年のことです。

アラン・シャペルという人から
たくさんのものを与えられた。
それを、京都という地で
生かせるか?

オーストラリアのフェアでアラン・シャペル氏と。
31、32歳の頃

え、錦市場の中？
最初はみんなに反対された。

独立するに当たっては、岡山に帰ろうと思って店を探したのですが、どういうわけか岡山では物件に恵まれなかったのです。最終的には京都に決めました。今の店はケーキ屋としては、造りが変わっています。入り口から路地のように18メートルもの細長い空間があり、奥まっているのですが、初めて見たときに光が燦々と入っていて、「パッサージュだ！」と思いました。普通、ケーキ屋と言えば、道からショーケースが見えますね。こんなに入り組んだ店はないでしょう。錦市場の近くということにも周囲の人は驚いて、反対しました。でも、僕は自分が考えて、それが前に進めば、それでOKなのです。

私は友だちが多いし、家にも人が集まります。ですから、店のイメージも、わが家に遊びに来てもらうという感じがいい。奥へ進むと居間があり、ガラス越しには厨房つまりキッチンが見える。そんなふうに、全部、自分で決め込みました。デザイナーが入る余地もないぐらい。店造りでは、初期投資を抑えました。というのは、今までは華やかな満席の舞台が用意されていて、私は運よくその舞台に立たせてもらっただけ。私はどう演じるかだけ考えればよかった。今度は過去のお客様はいらっしゃらないわけです。だから、店を開くときは、とにかくゼロ。何もないところからスタートしなくてはなりません。店造りにお金をかけたりしてリスクを背負うと、自分は性格的に弱いので耐えられないだろう、そう思って、ぎりぎりの線で抑えました。

商売、という気持ちはあまりありませんでした。アラン・シャペルにいた時の感覚的なもの作りで、隣のおじちゃん、おばちゃんが「おいしい」といってくれるのだろうか、ということばかり考えていました。どうにか続けられ、お客様がリピートして来てくださるので、評価をしていただけているようです。こうしてみると、ミヨネーのお客様も隣のおじちゃん、おばちゃんも同じ。ミヨネーでシャペルさんを通じて評価されたことが、京都で自分だけの感覚でやっても評価してもらえるのが、本当にうれしいです。最初は私と妻だけでやっていくつもりでいましたが、おかげ様でたくさんのお客様に来ていただいて、そういうわけにもいかなくなりましたし、お待たせしないように、現在は斜め向かいにもサロンも開いています。

店作りを目指す人にアドバイスしたいのは、自分が何をしたいのか明確にすることですね。自分がどういうお菓子作りをして、どんな店にして、どのようなお客様に来てほしいのか、夢でいいから、それを根底に持つこと。お菓子だけ作っていればいい、ということではダメだと思います。場所、店、もちろんお菓子、これらをトータルに考えること。この店が支持していただけるのは、トータルのバランスで来ていただいているのだと思います。たとえば、内装はたいしてお金がかかっていないのだけど、お花だけは生の本物のお花が飾ってある、店が錦市場の近くにあるということを考えた時、お客様はフレッシュなものがあるというイメージを持たれるだろう、フレッシュ感を表現するには生に近いものを置き、フレッシュなものを飾るということだ、と思いました。つまり、お花は造花ではないもの、お菓子は作り立てであること、ですね。そのためにはお菓子は当日作り、その日に売り切ってしまう。そう決めています。

最後に教室のことを。現在この店があるのは、すべてフランスから与えられたものが基盤にあるおかげです。特にアラン・シャペルという人から多くのことを与えられ、こうして店を作り、多くのお客様に来ていただいています。しかし、社会的貢献はできないまま現在に至っています。私ができることは、体験してきたことを人に伝えること。それが教室をはじめた動機です。私はお菓子に関しては独学が多かったので、自分で本を読み、自分で試して発見していったことが多いのです。その体験を元にお話しすると、今まで考えたこともない視点でお菓子作りができるようになったと、みなさん、言ってくださいます。何のために、誰のためにお菓子を作るのかを考えると、配合をどう変えたらいいのかもわかって来るというような話。また、基本とされていることはなぜ基本といわれるのか、というようなことも私の話から感じ取っていただけたらいい、と思うのです。私がシャペルさんから感じ取ったように。

今後の夢をいえば、オープンした時の気持ちのまま、「100パーセント」の状態で閉店日を迎えられること。それまでにショコラティエを作りたいなどということはありますが、最終的には、現役でありながら、ある日スパッと閉店する、というのが理想です。目標は65歳。もう9年しかありません。寂しいことではないですよ、一度すべて終えて、新しいスタートをしたいと思っていますから。次にやることは、お菓子ではないかもしれないし、またお菓子かもしれない。気持ちよく辞めて、さあ明日から何をしよう、と考えるのが楽しみです。

Au Grenier D'or
オ・グルニエ・ドール
住所／京都市中京区堺町通錦小路上ル527－1
電話／075－213－7782
営業時間／11：00～19：00
定休日／水曜日（第2火曜日不定休）

テオブロマ

土屋公二

つちや　こうじ

1960年静岡県生まれ。高校卒業後、大手スーパーを経て1980年4月よりパティシエとしてスタート。82年に渡仏し、有名パティスリー、ショコラトリーなどで腕を磨くうち、ショコラティエを目指すように。帰国後、都内の菓子店やパリ発の有名チョコレート専門店のシェフを務めて独立。99年に「ミュゼ ドゥ ショコラ テオブロマ」本店をオープン。現在都内に6店舗を構える。

「お菓子作りは人生そのもの。〝Il faut aimer《イルフォエメー》〟の精神で。」

トップショコラティエとして、日本における〝チョコレート時代〟を常にリードしてきた土屋公二シェフ。一生の仕事としてチョコレートを選ぶまでには、様々な紆余曲折があった。地元の一パティシエからスタートした土屋シェフの、最大の転機となったのはフランスで過ごした日々である。修業時代、一軒のショコラトリーで自ら味わった感動を日本のお客様にも伝えたい——。その時に感じた強い想いは、今でも土屋シェフが作るチョコレートに込められている。

子供のころは、お菓子といえば近所のお婆ちゃんがやっている駄菓子屋さんで、学校帰りに買っていた10円、20円のお菓子や、父がパチンコの景品でもらってくる板チョコとか。あとは、〝王道〟のクリスマスケーキくらいかな。

〝お母さんが、おやつにケーキやクッキーを焼いてくれて〟なんていうモダンな家ではなかったので（笑）、洋菓子に興味があったわけでもないんです。まして、チョコレートなんて「甘いだけのお菓子」と思っていましたから。多分、その頃は本当に美味しいお菓子に出会っていなかっただけなのでしょうね。

ただ、お菓子にはあまり興味がなくても「何かを作ること」は好きでした。小学校の写生大会で賞をとって気分がよくなったというのがきっかけなのですが、絵を描いたり、工作をしたり……という、いわゆる〝無形が有形に〟なる過程に興味がありましたね。だから、美術の成績はいつもよかったですよ。

美術の成績がいいなんていうと、物静かだったのかと思われるかもしれませんが、実はその逆でした。ものおじせずに、色々なことに興味を持つ性格でしたから、いつもちょこまか動いていて落ち着きがなかったと思います。たとえば、クラスみんなで遊具にペンキを塗る作業をしているときに、隣の女の子にペンキを塗っちゃうようなタイプ。いわゆるやんちゃな子だったんです。

ただ、その時担任だった先生は、僕のそんな性格を認めたうえで美術の才能も評価してくれました。何かを人に「評価される」というのはすごいパワーが出ることですよね。公平な目でちゃんと見てくれて、「自分の優れたところ」を認識させてくれたその先生には、今でも感謝しています。

何にでも精神的な強さは必要

その頃の僕の生活で大半を占めていたのは、サッカーとケンカ（笑）。

サッカーに関しては、僕が育った清水市（現・静岡市）はメッカでしたからね。当然のように生活に根ざしていたという感じです。

ケンカっ早かった理由は、負けず嫌いだったというのが大きいですね。不屈の精神というか正義感が強いこともありました。だから、理不尽なことを言われたり、されたりすると、即ケンカ。

小学生の時に、ほつれたズボンに当て布をしていて同級生に笑われたことがあるんです。当然、その時点で、もう殴り合いの大ゲンカです。ズボンに当て布をしていたことを指摘された恥ずかしさというよりも、そうやって修理してくれた母の想いを笑われたような気がしたからなんでしょうね。

子供ながらに、人の思いやりは大切にしないといけないとか、その想いに応えなければいけない、といった義侠心のようなものがあったのかもしれません。ケンカ、という方向性が合っていたかどうかはわかりませんが（笑）、自分にとっては「筋を通す」ことを主張する手段だったと思います。

僕は今、若いパティシエたちを指導する立場になってひとつの指針としているのは、「この人は、ギリギリの冒険ができるような精神的な強さや根性があるだろうか」ということです。

どんなに無茶なことをやっているように見えても、そこに自分なりの筋がきちんと通っている――。そんな人間としての強さは、店を経営したりトップになったりしようと考えたときには、とても必要なことだと思うのです。

色々な経験が、物作りのベースに

お菓子に少しずつ興味を持ち始めたのは、高校に進んでからですね。それも、「何にでも興味を持って、目標を見つけたらそれに向かってとことん全力投球」という性格がきっかけにはなっているんです。

高校一年生のときに、初めてシュークリームを作りました。これ、本当はうちの姉が学校の課題として家でやらなければならないものだったのですが、彼女が途中で投げ出していたので引き継いで（笑）。

そこで、「お菓子作りってどんな感じだろう」と興味を持って作ってみたら、大成功。今となってはごく当たり前ですが、お菓子というのはきちんと材料を計って、レシピ通りにやると美味しいものができるんだな、と思いました。

作ったシュークリームは、友人たちにも大好評。その〝評価〟をきっかけに、時々お菓子作りをするようになりました。当時は、毎日作るというほどのめり込んでいたわけではなく、ほんの趣味程度でしたが。

ケーキ作りに限らず、高校時代も子供のころからのベースは変わりなく、色々なことに興味を持って常に〝動いていた〟記憶があります。

学校生活だけじゃなくて色々な世界を体験したかったこともあり、アルバイトもしました。バイト先は和食店だったのですが、実はその隣にあったケーキ屋さんの方が印象に残っています。

お菓子作りをちょっとかじったこともあって、多少の興味はありましたから、まずバイト代でケーキを買うことを覚えたんです。ケーキを買って家族で食べるなんていう習慣はありませんでしたが、自分のバイト代でそれができることが何となく楽しかったのでしょう。そこで、帰り道に立ち寄っているうちにお店のオーナーさんと仲良くなって色々な話をするようになったんです。

20歳からの20年間で自分が打ち込めるものを見つけよう

その時オーナーさんに言われたことばは、今でも心に残っています。

「20歳から40歳までをいかに生きるかで、その後の人生は決まる」。

20歳からの20年間は、人間として一番成長できる時期でもあり、冒険も挑戦も許される時期です。そこで、どれだけ自分が打ち込めるもの、想いを注げるものを見つけることができるか——。その結果次第で、それから訪れる人生の充実度は全く違ってくる。

自分も〝一生をかけられるようなもの〟を見つけたい。では、そんな仕事って自分にとっては何なんだろう、と考えました。

物を作ることは大好きでしたから、パティシエを含めた職人への憧れはありました。ただ、目的に行きつくまでの〝方法〟が分からなかった。

ですから、高校卒業後に最初に選んだ職業は、大手スーパーマーケットの店員でした。ある意味、本当に自分の〝やりたいこと〟と向き合っていなかったのでしょうね。でも、入社して3ヶ月も経たないうちに体を壊して入院。さらに、退院したと思ったら、またすぐに交通事故で大けがを負って病院へ逆戻りです。見事に、アクシデントが重なったとき、これはもう一度自分の人生を考えろということだな、と思いました（笑）。

病院の壁をじっと見つめながら「自分がやりたいことは何なのか」を、もう一度自問自答したとき、本気で「やりたい」と思ったのがケーキだったのです。

当然、前と同じで「どうしたらパティシエの仕事ができるのか」という方法論はまったくありませんでしたが、自分が本気になって「打ち込もう」と決めたわけですから、今度は必死でコネクションを探しました。

ようやく出会ったのが、5、6店舗を展開する地元の洋菓子店。紆余曲折はありましたが、そこが私のパティシエとしてのスタート地点となったのです。

何事にも真っすぐな性格だった

やんちゃで、ケンカ早く、何事にも真っすぐに立ち向かっていく性格だった少年時代。高校生の時は、生徒会長と応援団を務め、皆のリーダー的な存在だった。

自分を信じて目標に突き進む

店に入ってからは、ひたすら勉強です。私の場合、〝寄り道〟をした分、他の同僚に比べて年齢も技術的にもハンデがありましたから。とにかく「上手になりたい」、「美味しいものを作りたい」という想いで、がむしゃらに頑張りました。

休日にも出勤しましたし、〝どこかで必要になる〟と信じて、製菓衛生師や販売士など色々な資格も取りました。講習会にも積極的に出ていました。すべてが、美味しいものを作るためのステップアップだと考えたんです。

その当時、店には東京から技術指導の先生がいらしていました。私は、その方の下について色々な洋菓子の技術をじっくりと学ぶ機会があったこともラッキーでした。基本的な技術を学ぶだけでなく、フランスをはじめ海外の話も聞かせてもらううちに、「洋菓子の本場であるフランスに行って、腕を磨いてみたい」という憧れが、自分の中でどんどん膨らんでいきました。

仕事をするうちに、段々と〝職人世界〟の難しさも分かってきた頃でした。純粋に「美味しいものを作りたい」「お客様に喜んでもらいたい」と考えることと、ある程度のレベルの商品をコンスタントに作り出すことのギャップや、自分が根本的に目指したい〝職人の姿〟とのイメージの違いも、何となく気付き始めていた。だからこそ、〝本物〟に触れてみたいと思ったのかもしれません。

ところが、ここからがまた私の「思い立ったら一直線」なところ（笑）。「フランスへ行く」ということと「大阪へ行く」というのを、同じような感覚で考えていたんですね。パスポートも取らずに、まずチケットを手に入れよう！　といった具合でした。とにかく、どこの店で修業したいというよりも、フランスへ行けば自分の道が開けるような気がしていました。包丁も白衣も持たずに渡仏したのですから、相当に楽観的だったんですよね。

ただ、今から考えるとそういった一本気なところや、チャレンジ精神は、無謀かも知れませんが、大切なことだったと思います。型にはまらず、自分なりのスタイルを見つけていくことは、物を作る人間には必要ではないでしょうか。

フランスで培われた「自分主義」

フランスでは、ホテル暮らしをしながらフランス語の勉強をしました。最初は、学生としてのスタートというわけです。ソルボンヌ大学のフランス語コースに通ったのですが、とても楽しい授業でしたね。色々な国籍の人が集まっていましたが、お互いの〝違い〟をまず認め合うところからコミュニケーションが広がっていく。そこで勉強していくうちに、日本とは全く違う国民性とか、いい意味での個人主義といったものも徐々に理解できるようになりました。

私にとっては、フランスでの「自分の力を信じて突っ走れる環境」というのは、心地よかったようです。

また、私が住んでいたセントラルというホテルは、通称〝菓子屋の東大〟と呼ばれていたところで、現在、日本の菓子業界のトップを走っている人たちが滞在していました。河田勝彦さんや熊坂孝明さん、杉野英実さん、稲村省三さん……。

とにかく、そうそうたるメンバーです。

皆さん、何か手ごたえを感じられるものを得ようとフランスに来ているわけですから、当然モチベーションがすごく高い。フランスの洋菓子コンクールに出品するために、ホテルの部屋で黙々と作品を作ったりしているんです。その様子を見たときに、〝自分も何かをやらなければ〟と刺激を受けました。

稲村さんに、「フランスへ来たら、何でも自分でやれ」と言われたことは印象的でした。自分がやりたいことは何か、それを実現するためにはどうしたらいいか、どうやってステップアップするか——。すべてを、自分で決めて自分で実行する。夢を形にするにはそれだけ強い意志が必要ということだと思います。

パリで修業をする日本人パティシエの方たちの姿に触発され、それから私も本格的な修業を開始しました。21歳くらいの頃ですから、フランスで修業しているパティシエの中では若い方でした。何ごとも吸収が早いその時期に、フランスに行けたことも幸運だったと思います。

小さなブーランジェリーを皮切りに修業を始めた私は、有名パティスリー、老舗のチョコレート専門店、三ツ星レストランなど、パリだけで7軒の店で働きました。修業時代は、どこの店で働いたか、誰と出会ったかということだけではなく、パン、ケーキ、チョコレートなどすべての物作りにおいて、「何が大切なのか」を学んだ時間でしたね。

とりわけ、様々な有名店のオーナーの方の仕事ぶりや人となりを見ながら感じたのは、「お菓子作りの本質は技術力だけではない」ということです。美味しいな、素敵だなと感じるお菓子には、必ず作った人の優しさやまっすぐな想いが込められている。それは即ち、パティシエやショコラティエの人間としての魅力がお菓子に反映するということでもあります。私が働いた店のオーナーたちは、皆そういう魅力を持っていましたね。

最初は、1年くらい勉強したら日本に戻るつもりだったのですが、お菓子作りの奥深さに目覚めてからは、毎日が楽しくて楽しくて仕方なかった。仕事が辛いと感じたことは一回もなかったですね。それで、気がついたら5年半もフランスで過ごしていたんです（笑）。

一粒のショコラに感動 パティシエからショコラティエに

私が「ショコラティエになろう」と決心したのも、この修業の間でした。

パリにある、老舗のチョコレート専門店で修業をしたときのことです。最初はパティシエの仕事のひとつとして認識していたチョコレートだったのですが、その店で一粒のボンボンショコラを食べたとき、それまで持っていた私の〝チョコレート観〟が180度変わってしまったのです。

子供の頃からずっと、チョコレートは「甘いだけのお菓子」と思っていました。最初にお話ししたように、学校の帰りに買った駄菓子や、父がパチンコの景品として持ってくるチョコレートが、私にとってのチョコレートだったから。

パリのその店で食べたボンボンショコラは、まさに別のお菓子。口に入れると、カカオの香りと上品な甘さがふわっと広がって、滑らかに溶けていく……。

小さな一粒のチョコレートに込められた、作り手の想いや愛情がストレートに伝わってきたんです。とても衝撃的な体験でした。その時に、「ショコラティエを一生の仕事にしたい」と思いました。

その当時、フランスをはじめヨーロッパでは、チョコレート専門店＝ショコラトリーにふらりと立ち寄って、お気に入りのボンボンショコラを買って帰ったり、その場で頬張ったり、というのはごく普通の光景でしたが、日本はまだまだそんな時代ではありませんでした。

そんな状況の中で、ショコラティエを目指して修業をするというのは、かなりの冒険だったと思います。それでも、私は自分が味わった喜びや感動を、日本のお客様にも伝えたかったのです。

私が師と仰ぐ人は何人かいますが、その人たちに共通することがひとつあります。それは、「何も教えてくれなかったこと」。

手取り足取り、仕事や技術を伝授してくれなくても、〝自分が仕事をしている姿〟を見せれば伝わることはたくさんあります。ある人には、チョコレートをどう作るか、という基本的な技術から仕事に対する姿勢、人としての在り方を。また、ある人からは、意外な発想の生み出し方を学びました。

ただ、そうやって色々な師匠について修業をし、影響を受けながらも、自分なりのスタイル、つまり〝核〟の部分はきっちりと持っていることは大切です。私の場合は、作るお菓子（チョコレート）に対して愛情を持つこと、そしてお客様に喜んでもらうものを作ること。それが欠かせない核でした。

〝チョコレートの時代〟を作る意欲で店をオープン

日本に帰国してからは、洋菓子店やフランスに本店のあるチョコレート専門店のシェフを務めてから独立し、「ミュゼ　ドゥ　ショコラ　テオブロマ」を1999年にオープンしました。

今でこそ、フランスやベルギーなどの高級チョコレート専門店を街中やデパ地下で当たり前のように見かけるようになり、バレンタインデーともなると多くのお客様が行列を作る光景も普通にあります。

私が、フランスから帰国した頃は、まだそんな時代ではなかった。独立前に洋菓子店に勤めている時、作ったトリュフチョコレートを食べていただくと「苦いね」という反応が返ってくることもありました。

ヨーロッパでは〝チョコレートを食べる〟ということは、ごく日常的。ベルギーでは駄菓子のような感覚で楽しまれていますし、フランスでは人の家に招かれたらチョコレートや花を持っていく習慣もあります。そういう意味では、日本は〝チョコレート後進国〟だったのだと思います。私も、以前はその中の典型的な一人だったわけです。

だからこそ、私はチョコレートの本当の美味しさを知らせるために、自分の店をオープンしたかった。「チョコレートの時代を作りたい」と考えたのです。

ただ、不安もいっぱいありましたよ。フランスで修業をした人が、「本場そのままの店」を日本でも再現しようとして受け入れられないことがよくありますが、私の場合も、そういった危険はあったと思います。

日本が、本場のチョコレートの味をしっかりと受け入れられるまでには時間が必要。自分がフランスで学んで、よいと思って実践してきたことと、今置かれてる状況の〝ズレ〟を少しずつ埋めていくこと。そして、日本という場所や今の時代に合った商品を提供していくこと。それが、お客様にチョコレートを好きになってもらえる方法だと信じていました。

私が店をオープンしてから10年。その間、パティシエブーム、チョコレートブームなどを経て、ようやく「チョコレートを日常的に楽しむ」基盤が少しずつ固まってきた気がしています。うちの店でも、「テオブロマのチョコレートが食べたい」と、わざわざ遠くから買いにきてくださるお客様も多くいらっしゃいます。色々なお店が増えて選択肢が広がる中で、うちの味を選んでくださるというのはとても嬉しいことだと感謝しています。

ではこれからの時代、自分はどういう方向に進んで行ったらいいだろう。最近は、よくそう考えます。

パリでの修業が〝自分の道〟を決めた

フランスでは、ブーランジェリー、パティスリー、ショコラトリー、レストランと、様々な店で修業をした。写真はパリの「モデュイ」で修業中の頃。

食べ終わった後に幸福感が残るお菓子を

カカオの香り、味わいを堪能してもらえるような正統派のチョコレートの美味しさを伝えていきたい。そして、お客様が食べ終わった後に、幸福感や余韻を感じていただけるようなお菓子を届けたい。そのベースは常に変わりません。

ただ、これからはより〝うちの店らしい〟個性を表現していける時代なのではないかと思っています。

個性とは、味作りだけのことではありません。チョコレートの魅力の多くを占めるカカオ豆の選び方や産地からの調達の仕方、品質管理など。そして、商品のクオリティ――。すべてにおいて、妥協してはいけないと考えているのです。

中でも一番大きなものは、素材や味を見極める努力を怠らないということでしょうね。私はもともと「食べるのが好き」ということもありますが、暇さえあれば洋菓子店に限らず色々なお店に食べに行ったりして、その感覚を鈍らせないように心がけています。

お客様が色々な店のチョコレートやケーキを食べつくした後にも、「やっぱりテオブロマのチョコレートが食べたいね」と戻ってきていただける、というのが理想。そのためには、ひとつひとつのお菓子に対して、常に愛情を注ぎながら作ることが欠かせません。スタッフにも、それは伝え続けています。

まず「好きになる」ことが第一歩

私が修業を始めた頃に比べると、世の中の〝パティシエ観〟も大分変わりました。ここ数年では、パティシエやショコラティエが華やかな仕事のように紹介され、スターのような扱いを受けるようになりました。その影響からか、「パティシエ、ショコラティエになりたい」という人もかなり増えています。

確かに、パティシエやショコラティエは、新しい物を生み出す仕事。クリエーターとして、研ぎ澄まされた感覚や繊細さを持ち合わせていることも大切です。ただ、仕事としては非常に地味で、たゆみない努力が必要とされます。目指すのは「常に新鮮で美味しいもの」。最終的にはそれに尽きると私は考えています。

フランスでの修業時代に、ある人から言われたことばがあります。「Il faut aimer」。イル　フォ　エメー。フランス語で「好きになりなさい」という意味です。

仕事に限らず、どんなことでも好きだったら全く苦にはならない。好きだったら頑張れるということなのです。とても単純なことばですが、核心をついていますよね。今でも心の奥に留めているひと言です。私も、ここまで色々なことに挑戦してこられたのは「好きだったから」だと改めて思います。

「あなたにとって、チョコレートとは何ですか?」と聞かれたら、私は迷わず「人生そのもの」と答えるでしょう。

大げさに聞こえるかもしれませんが、フランスで出会ったチョコレートによって私の人生は変わった。本当にそう思えるからなのです。逆に、一生の仕事と思えるほど打ち込まなければ、自分自身でも満足できるものは作れないでしょうし、それを食べるお客様にも幸福感を届けることはできない。それは、確信を持って言えることなのです。

うちの店でも、多くの若いショコラティエ、パティシエが修業を積んでいます。その人たちにも、この二つのことはアドバイスしています。もっとも根本的で〝心構え〟のような意味合いもありますね。

また、仕事をやるからには大きな目標を持ってほしいですね。それも、短期、中期、長期と段階ごとに自分の目標を定めていくこと。その山を乗り越えていけるかどうかで、その後の人生も変わっていくと思います。

私が高校生の時に言われた「20歳から40歳までをどう生きるかで、その後の人生が決まる」ということばと同じ。常に、自分の未来形を思い描いて、それを実現するための行動を選択していくことが大切なのだと思います。

こう言いながらも、私がそんなに計画的に行動してきたかというとそうでもない部分も多いのですが（笑）。ただひとつ言えるのは、これまで私がやってきたことの根本には、常に強い想いがあったということです。

チョコレートやお菓子に対する情熱が、自分を動かしてきた。それは、これからも変わらない部分だと思います。だからこそ、日本のお客様にチョコレートの美味しさや文化の奥深さを、もっと知っていただきたいのです。

チョコレートと共に、人生をまっとうできたらこんな幸せなことはありません。最後は、仕事場でチョコレートを作りながら息を引き取った……なんていうのが、私の理想ですね。

ミュゼ ドゥ ショコラ テオブロマ（本店）
住所／東京都渋谷区富ヶ谷1‐14‐9 グリーンコアL渋谷1F
電話／03‐5790‐2181
営業時間／9：30〜20：00　年中無休
http://www.theobroma.co.jp/

カフェ ヴィーナーローゼ

江崎 修

カフェ ヴィーナーローゼ
江崎 修

えざき おさむ
1952年、熊本県生まれ。1976年早稲田大学卒業。1977年辻調理師専門学校を卒業し同校製菓助手。1979～1980年ドイツ、1983年スイスで研鑽。1985年製菓製パン教授を経て1990年より主任教授。2007年10月退職し、カフェ ヴィーナーローゼ オーナー。著書に『プロのためのわかりやすい製パン技術』（柴田書店）ほか。

私にとって、お菓子は飲み物があってはじめて完結する。

ウィーン菓子やドイツ菓子は、華やかさが少ないせいか専門店は限られている。そのひとつが大阪にある「カフェ ヴィーナーローゼ」。作るのは、辻調理師専門学校で製菓製パン教授を長く務めた江崎修氏だ。食の道に入ったのは予想外だったが、生徒から教えられることも多かったと語る。コーヒーとともに味わう素朴かつ優雅なお菓子は、さりげないおいしさを持ち、後に残るおだやかな余韻は落ち着いた店の雰囲気そのものだ。

オイルショックで就職先がなく、思いもかけない食の世界へ。

中学、高校の頃、母がプリンを作っているのを手伝ったりはしていました。直火の器具を使った蒸しプリンで、しっとりとしておいしかったです。お菓子は好きでしたね。今でも、甘いものは、洋でも和でも好きですよ。パティシエで甘いものが苦手という人がいるそうだけど、けしからんですね（笑）。

大学時代も自炊していました。作ることは苦にならなかったし、食という分野は好きでしたね。そういう下地はあったけれど、自分がこういう方向に行くとは思ってもいなかったです。

調理師専門学校に行こうと思ったきっかけは、オイルショックですね。大学卒業が1976年だったのですが、不況の真只中で、卒業するときに就職先がなかったんですよ。大学は文学部でしたから方向としては教師かマスコミでしたが、求人を見てもない。仲間も行き先はバラバラでしたが、そんな時代ですから、どんな方向に行っても違和感はなかったです。大変だったけれど、のんびりしていましたね、みんな。なぜ調理師専門学校だったかというと…なぜかなあ。「食の世界は喰いっぱぐれがない」という単純な発想だったんでしょう。

調理師専門学校の中でも製菓を選んだのは、たまたま兄が「お菓子にいったらいい」とちらっと言った一言から。当時は、料理は低年齢から始めるという定説があったので、大学を出てから入る世界ではないという気持ちがありました。そこへ兄が、お菓子はそうじゃないんじゃないの、ということを言って、気持ちが決まったのかな。

実際には、大学を出てから専門学校に行く人はほとんどいない時代で、私は、大学を出ているからといって大人だったわけではないけれど、「変わりダネ」ではあったみたいですね。今さら、なんで、と思われたのでしょう。

今は2年のコースもありますが、その頃は1年でした。大学のときとは違って、職業に直接結びつくという意識があり、真剣に授業を受けていた記憶があります。ノートもよくとりましたよ。プロの講議は特に面白かったですね。調理のコツという部分を惜しげもなく披露してくれて、見ること聞くこと、とても新鮮でした。

製菓・製パンは今でこそ花形ですが、当時の調理師専門学校には調理師科しかありませんでした。1年間で、調理全般の基礎を習います。就職が目的ですから、あらゆる分野を網羅して基礎を学び、最終的に和・洋・中・お菓子の中から行き先を選ぶということですね。基本プラス現場のプロから専門を少し、という感じの授業でした。お菓子は少しあったけれど、パンの授業はほとんどなかったです。

学校で勉強した中で、調理（料理）というのはわかりやすかったです。結果的に材料が姿そのままに見えますから。料理は、魚、肉、野菜をどうするかという、乱暴に言ってしまえば、食材の加工なんですね。もちろん、味付けという目に見えない部分はありますが、客観的に見てもわかりやすい。その点、お菓子は、できあがりに素材の姿が見えないものが多く、自分で形を作っていかなければばならない。だから最終的なイメージをもっていないと作れない。難しいけれど、それが面白いのです。それに、本来のそのお菓子を知っておかなければできません。自分の好みに合わせてアレンジしたり、どこをどうやったらどうなる、というのはその後の話です。もう一つの違いは、料理は、仕込みはあるものの、お客さんが来てオーダーが入ってから、さあ作るぞというものでしょう。短時間の勝負です。お菓子も時間の制約がないとは言いませんが、短時間ではありません。これを作り、あれを作り、この部分は前もって作っておく、そうやって組み立てていくものなんですね。どっちが簡単とか難しいということではないのですが、その違いは決定的です。

私はお菓子を選んだけれど、性格の違いはあるものの、向き不向きがあるかといえば、それは結果としてのことだと思います。最初に好きなら続けられる。10年やれば、たいがいのことはできるような気がします。ようは慣れることですね。そんな考え方で、自分のことも、教師としてもやってきました。

大学でも
教職過程はとらなかったのに、
行き着いたのは
専門学校の教師。
わからないものですね。

早稲田大学ラグビー同好会時代（前列右から２人目）

せっかくドイツに行ったのに、簡略化された製法にガッカリ。

卒業するとき、学校から、残らないかというお話をいただきました。菓子屋に就職することも考えていたのですが、そうか、そういう道もあるのか、という感じで、今度は就職という形で学校の一員になりました。

お菓子というのは、その頃、西洋料理部門の一部として教えていたのですが、ちょうど製菓専科が立ち上がった時期でした。製パン専科も作ろうということになったとき、本場を見てきたほうが早いという先代校長（辻調理師専門学校創始者・辻静雄氏）の考えで、ドイツに派遣されました。職員になってから2年目、1979年のことです。2年で海外研修に出るのは異例の早さだといわれましたが、「お前、行ってこい」ということで。

日本でパン、ケーキというとフランスが主流ですね。オリンピック、万博でホテルに入ってきた調理人がフレンチですから、当然、フランス菓子やパンがついて来たのですね。そのフランスではなく、ドイツに僕が行ったのには、学校の製菓部門にドイツのつてがあったという事情があります。当時、調理部門ではフランスの三ツ星レストランからMOF（フランス国家最優秀料理人賞）のシェフを招聘して最新のフランス料理を伝えていました。お菓子の部門でもこれに習い、ハンブルクの五ツ星ホテル「ホテル・フィーヤー・ヤーレスツァイテン」からパティシエのシェフ、マックスライナー氏に来ていただいてドイツ菓子の授業をしていたのです。そのマックスライナー氏にハンブルクのパン屋「シュタット・ベッカライ」を紹介してもらい、研修に行くことになりました。

ドイツはパンの種類が多くて、フランスとは別のよさがあります。料理ではフランスにかないませんが、パンとお菓子は確立されています。違いは、常に変化し芸術的に洗練されていくフランスに対して、ドイツは伝統を継承しコツコツ続けていきます。基本的には変化しないという点でしょう。

「シュタット・ベッカライ」は「町のパン屋」という意味ですが、卸しもしていましたし、2階と3階でパン、4階でお菓子を作っている大規模店でした。

僕が行ったときドイツでは、労働時間の短縮化で、パンの作り方がさかんに簡略化されていました。イーストフードなどを使って、3時間でパンを作ってしまう。理論上は短時間発酵も可能なので、ドイツ人の理論好きにも合っていたのかな。ライ麦パンには欠かせないサワー種もドライサワーというインスタントのものを入れるんです。当時、年配の職人さんは、昔のパンはおいしかったけど今はダメだといっていましたね。焼いた当日は変化がないのですが、翌日になると、おいしくない。そういう作り方をしていた時代に行ってしまったので、あまり得るところがありませんでした。日本に帰っても、この方法で作るわけにはいきませんから。

そんなことで、とりあえず現場は見たし、「ここは、もうイイヨ」という感じになって。半年ほどで、同じハンブルグの「ホテル・フィーヤー・ヤーレスツァイテン」でのお菓子の研修に移りました。

ハンブルグの「ホテル・フィーヤー・ヤーレスツァイテン」には「コンディ」

というカフェがありました。「コンディ」は、内装がビーダーマイヤー調の素敵なカフェです。そこで、決まったお菓子とレストランのデザートを作っていました。昼の勤務と夜勤の交代制です。ドイツ菓子は、ここで基本を収得しました。ただ、ホテルのお菓子は部分的ですので、休みの日にはできるだけほかの町にも行って、料理やお菓子を食べていました。ドイツは北と南とでは、言葉もそうですが、パンの種類やお菓子にも違いがあって、この食べ歩きは貴重でしたね。

そうこうするうちに、学校がフランス校を立ち上げることになり、準備のために帰国しました。

次に海外研修に行ったのは、何年後かにフランス校へ行った帰りです。スイス・ジュネーブのホテル「オテル・ド・ベルグ」でした。立派なホテルで、ハンブルグのときもそうですが、ホテルのお客さんは裕福な年配の人たちが多いのですね。そこでお菓子やデザートを作りました。毎朝、決まりものを作っておいて、ある時間以後はレストランのオーダーが入ったら作る、という形式でした。シェフは夕刻になると帰ってしまうので、作るのは自分一人という時間帯も多かったですよ。もちろんレストランのレシピがあって、それに従って作るんです。ジュネーブはフランス語圏です。オーダーはフランス語で入るので、言葉に慣れていないので聞き取りがうまくいかない。毎回、聞き直していましたね。メニューが少なめだったので、助かりました。ここでは土曜日と日曜日が休みの週休2日制でしたから、いろんな所に出かけてスイスを楽しみました。

スイスのお菓子は、古いフランス菓子です。ジュネーブはフランスとの国境近くですから、もっと洗練されてもいいのに、たとえば昔からのミルフィーユとか、スポンジの残りをバターと合わせてチョコレート掛けにしたお菓子とかを、古いまま作っていました。フランスの古いお菓子も、同じようなものだったと思うんですが、フランスのほうが変化していったのでしょうね。私自身は、スイスのお菓子はそんなにおいしいと思わなかった。面白いことに、スイスの人もお菓子やパンを買うときは、国境を越えてフランスに行っていました。

フランス菓子に関しては、学校のカリキュラムがフランス菓子でしたので、授業時間は少ないながら、なんとなく理解していきました。それでも、フランス校への出張はやはり貴重でした。フランス校はフランス人が日本人の生徒に教えるのが基本で、派遣された先生はその助手です。実習の手伝いだったり、現地のプロが講議するのを解説したりして、フランス菓子に触れることができました。フランス校は、料理のコースと製菓のコースがありましたので、おいしい料理に出合いました。レストランに行くことも多く、そこでの料理はもちろんのこと、デザートはお菓子屋の菓子とはまた違うものなので、大変興味深いものでした。

「作り方が早くわかっても自分の身についたことにはならない。」

今、スイーツ人気といいますが、それは技術的に上がってきて、日本の洋菓子が以前よりずっとおいしいということの証しでしょう。

我々が3年かかってできたことが、今では、はるかに短い年数でできてしまうということですね。われわれの時代は情報がないのでわからないことが多かった。なんでもないことでも、あ、そうか、とわかるまでに時間がかかりました。今はみんながわかってきた、作り方を知ってる、味を知っている、横のつながりもあって勉強会なんかもしている、ということで伝わりやすくなりました。私が勉強し、教えていた時代とは大きな差があります。そういう意味では、昔の人は苦労した。でも、それはよい経験だったと思うのです。

情報を早く得ることができるということと技術の向上とは別の話であって、5年は5年の、10年は10年なりのものだろうという考えは、どこかにありますね。作り方が早くわかるようになっても、その人の中で味を確立する、その人の味にするのに必要な時間なり努力なりは、昔も今も変わらないなと思います。

人が持っている舌の基準というのは、子ども時代に親が作ってくれた味が基本です。そこから前へ進めるか進めないか。もっと上があると知ったときに、そこへ上っていけるか、いけないか。上って行くためには、とりあえず、おいしいもの、おいしいといわれているもの、あるいは自分がおいしいと感じるものを食べることです。プロを目指す人には特に、おいしいものを食べなさい、と言います。僕も先代の校長には、おいしいものを食べに連れて行っていただきました。ヨーロッパの三ツ星や、最高級の料亭など、トップクラスばかり。それが僕の味の基準になっていますから、先代との出会いは大きかったです。

味の基本は調理（料理）ですね。料理を食べた時に感じる「あ、うまいな」、という基準。それは料理でもお菓子でも変わらないので、基準として持っておき、それを自分の中で高めていく。それがプロとしての感覚。プロとしての努力。それができるかできないか。後は、これをこうしたいな、ああしたいな、と思う気持ち。自在にできるのがプロなんですね。どんなものでも作れるよ、要望に応じてあれこれ作れるよ、というのがプロの面白さです。実際には無限に作るということはあり得ませんけれど、どんな味でも作れる、その方法論を知っているというのが最終目標でしょう。

ご飯は日常的に食べるわけだから、ちょっとお金を貯めて、ときどきはいいものを食べることですね。おいしいといわれるところは、何かが違います。そこから感じることがあれば、きっと、自分が作るものがよくなりますよ。

話が逸れましたが、情報が乏しいという時代の問題とは別に、僕は教えてもらうことが苦手だった、ということもあります。いいことではないのですが、とりあえず見よう見真似で自分なりにやってみることから始めます。できる人から習えば早道なのでしょうが、それができなくて、物真似からやるわけですから、当然、失敗ばかりで、なかなか前に進まない。

ただ、やっていくうちに、これはだめというのがわかってくる。次は別の方法で、ということになります。そのくり返しで、自分なりに解釈して、なんとなく正解に到達していきます。まわり道でしたが、それはそれでよい経験だった、と思っています。

学校では授業で取り上げる菓子を、原書などから引っ張ってきて採用していました。原書というのは、主に、フランスやドイツの学校の教科書、あるいは参考書的なものです。当然、試作をするのですが、1回ではうまくいきません。何度も行うのですが、その過程が勉強になるのです。試作は失敗ができます。学校というところは、お菓子を売る場ではないので、失敗できるのです。これがいいところですね。

失敗といえば、生徒は講議で習ったお菓子を実習します。初めからはうまくいかないので、失敗ばかりです。その失敗を記憶しておくと、過ちが少なくなりますね。いい見本になるのです。しかし、時々、そのやり方では理論的にうまくいかないだろうと思っていたのに、結果的においしくできたりすることがあります。違うと思っていたその方法も、実は間違いではないということなのですね。そんなことを見ることができるのも、学校の長所かもしれません。生徒にもずいぶん、教えてもらいました。

また、授業に来ていただいた現場のシェフのみなさんにも、おいしいお菓子やパンを作っていただき、いろいろ教えていただきました。その積み重ねが、自分のお菓子やパンを支えてくれています。

失敗をくり返しながら
正解にたどり着く、
そのまわり道がよかった。

ホテル・フィーヤー・ヤーレスツァイテン時代

30年勤めた学校を辞めて
カフェのオーナーに転身。

学校を退職したのは、2007年10月です。なんとなく辞めた、というと理由になりませんが、はっきりした理由はありません。ただ、学校での仕事はもう終わったかな、と思って。この先どうしようかなと思ったとき、この店のことを聞きました。ここは以前、私の先輩に当たる人がやっていたんです。間にもう一人別のオーナーの方がいらっしゃるのですが、とにかく、閉店するというのを聞いて、名前を引き継いだのです。ウィーン菓子とかドイツ菓子はフランス菓子にくらべて少なく、貴重品でしょう。なくすのはもったいないと思い、「名前、ちょうだい」という感じで始めました。最後のチャンスとして、もう少し頑張ってみようかな、と。うまく行こうが行くまいが、とにかくやってみよう。ウィーンやドイツ菓子を看板にするコーヒー屋があってもいいんじゃないか、と。コンディ

カフェ ヴィーナーローゼ
江崎　修

トライ・カフェ（ドイツのカフェ）は、おいしいお菓子を食べておいしいコーヒー、紅茶でもいいんですが、とりあえずコーヒーを飲む。それが10時にあり、3時にあり、ゆったりと1時間ぐらい過ごせる。そういうところです。自分自身がそういう場所に座りたいんですよね。それで、自分で始めてしまった、という感じかな。

おいしいコーヒー屋はあるけれど、ウィーンやドイツ菓子に限らず、お菓子のおいしい喫茶店はあまりないでしょう。コーヒーがおいしい店は、たいがい、外のお菓子屋から取り寄せています。あるいは、ケーキはおいしいけれど、飲み物は付け足し程度だったり。僕にとってお菓子は、飲み物があって初めて完成するものです。特にドイツ菓子は飲み物がほしくなるアイテムが多い。のどが渇くというか。お菓子を食べて、ちょっとコーヒーを飲む。あ、お菓子がもっとおいしくなったな。このお菓子を食べたら、このコーヒーがおいしい。あ、そういうことをやったんだ、と気付く。途中でお菓子を口に入れることによってコーヒーの味が変わる。逆にコーヒーを飲むことによってお菓子の味わいも鮮明になる。いい関係ですよね。

コーヒーとの付き合いは学校の授業からですね。お菓子の授業なら、コーヒーと紅茶は当然習うべきものでしょう。そういうことから、授業に取り入れるようになって、コーヒーに出合いました。紅茶は茶葉がすでにあるのである程度座学になりますが、コーヒーは豆を焼く（焙煎する）ところからできる、じゃあ学校でもやろうということになり、学校に焙煎機を設置しました。東京のカフェ・バッハという店の田口護さんを紹介していただいて、講師として来ていただきました。田口さんの講義はとてもよくて、自分が直接習うわけではないのだけれど、結構ハマりましたね。授業のカリキュラムとしても、お菓子以外にコーヒーも習えるということで、広がりができたのではないでしょうか。

店にもコーヒーの焙煎機を入れています。コーヒーの面白さは、豆の違い、味の違い、焼きや淹れ方の違いで味が変わってくることでしょうか。うちはお菓子をおいしく食べるためのコーヒーですから、マニアックなコーヒーではなく、もっと広がりのある味にしています。お菓子を食べて、コーヒーはさらっと自由に飲める、そういうのがいいと思って。紅茶もありますよ、という感じです。

年々おいしくなるように。

学校で教えていたお菓子と、自分の店で出すお菓子に、作ること自体の違いは感じていません。同じように、おいしいものを作ろうとします。ただ、店では、お客様の反応がその場で見えるということでしょうか。学校だと対生徒ですから、極端にいえば、作らなくても教えることはできるんです。食べさせるのではなく、作り方を教えるのですから。ただし、おいしいものを食べさせないと意味がありません。だから同じなのですが、お客様には舌の肥えた方がいらっしゃるので、店のほうが緊張感は強いですね。好みがあるのは当然ですが、いろんな味を知っていらっしゃる方に、「おいしい」と言わせなくてはならない。難しいですが、自分の実力通りにしかできないのですから、仕方ないのです。仕方ないのですが、とりあえずは、9割以上のできでいきたいと思います。

今、店ではドイツ菓子、ウィーン菓子を10種類ほど出しています。チョコレートやバタークリームなど、気温によってはできないものもありますから、季節ごとに変えながら作っています。冬場は、ザッハトルテ、アプフェルクーヘン（リンゴのケーキ）、キルシュトルテ、夏場は、軽くて食べやすいカーディナルシュニッテン（卵黄と卵白のメレンゲ主体の生地を枢機卿の法衣を模して交互にしコーヒークリームをはさんお菓子）など。ストーリーがあるようなお菓子を選んでいますので、お菓子のことをちょっと知っていらっしゃる方には楽しいと思いますね。

ウィーンやドイツ菓子はシンプルですが、基本的に、味はしっかりしています。生地をそのまま食べるものがが多いので、たとえばお酒を使うなら、フランス菓子でよくやるように焼き上がりにお酒を振るのではなく、生地の中に入れて焼いてしまう感じですね。僕はドイツ菓子ならドイツの作り方のまま、というように作っているんですが、自分なりのアレンジはしています。お菓子を食べて、自分の中で解釈し、自分の味にします。分析して変えるということはしませんが、粉をいじったりはします。砂糖の量は変えないですね。甘みは旨みだと思っていますから。ドイツ菓子でも、まだ作れていないものがたくさんあります。

フランス菓子は少ししか置いていませんが、作りたくないわけではなく、作りきれていないだけです。フランスの地方菓子には、おいしいお菓子がたくさんありますよ。パリのお菓子は華やかでカッコいいですが、地方へ行くとドイツ菓子と変わらない。素朴なお菓子があります。作り方は単純なのですが、それだけに、それぞれの生地やクリームを正確に作らなければ、味が出てこない。そういうお菓子が多いですね。

お菓子のほかに、パンも焼いています。食パンでサンドイッチも出します。食パンは分けてほしいといわれて、余裕があればお分けしたり、ケーキのテイクアウト、焼き菓子の通信販売など、いろんなことをしています。ただ、焼くのが自分一人ですから、数は決まってきますね。合間に焼き、間に合わないときは閉店した後に残って焼いています。だから、夕方どんどん売れてしまうと、有り難いのだけど困ったなあ、とあわてることもあります。

教室では、生地とクリームをテーマにして教えています。日本にはあまり紹介されていないお菓子を間に入れながら。流行っていないお菓子の中にもおいしいものがたくさんあるのに、食べる機会が少ないでしょう。ドイツやオーストリアの家庭菓子から発生したものも多いので、そんなお菓子も紹介していきたい、と思っています。

クランツクーヘンのヒットは意外でした。なにげなく作って、自分でも「これはおいしい」とは思いましたが、これほど受けるとは、思ってもいなかったです。クランツクーヘンは、スポンジにバタークリームとグロゼイユのジャムをはさんで表面をバタークリームで覆い、飴がけしたアーモンドを貼ったシンプルなものです。このお菓子のスポンジ（小麦粉に同割の浮き粉を加えたヴィーナーマッセで作る）は本来パサパサなんですが、バランスによってはそれを感じさせない。そんなことがわかりながら、去年よりおいしくなったかな、とちらっと思ったりする。年々おいしくなったほうがいい。それを保っていけたら、と思います。

おいしいお菓子やパンは見た目もおいしそうに仕上がっています。「きれい」とは少し違うのですが、とにかく「自ら」おいしそうに見えるんです。そんなお菓子を作っていきたいですね。

Café Wiener Rose
カフェ ヴィーナーローゼ
住所／大阪市中央区玉造2-25-18
電話／06-6167-9488
営業時間／10：00〜19：00
定休日／水曜日
http://wiener.cocotte.jp

タダシ　ヤナギ

柳　正司

やなぎ　ただし

1954年生まれ、群馬県出身。74年、調理師学校卒業後、銀座「三笠会館」に入社。83年、東京・芝の「クレッセント」にシェフパティシエとして入社。98年に独立し、神奈川県海老名市に自店をオープンし、2005年には東京・目黒区八雲にも店を持つ。95年の「クープ・デュ・モンド」総合2位をはじめ、数々の受賞歴を誇る。

「あきらめずに頑張った先には、必ず得るものがある。」

クレッセント時代には「アシェット・デセールならば柳」との定評を獲得し、特に仕上げの美しさは、見る者を感嘆させる技巧を持つ。現在アトリエである海老名本店で営業していた頃、母の日などの記念日には、行列ができて、店の扉が閉まる暇がなかったほどである。そうした人気も、逆風に耐え、自己を律して腕を磨き続けた道の上に成り立っている。尊敬する先人たちの書物に倣って、自己管理を徹底した柳シェフは、温和な表情の内に鍛えられた鋼の鋭さを垣間見せる。

高校生の頃は、物を作り出すことが好きで建築家か美容師になろうかと考えていた。車も好きなので、テストドライバーもいいかななんて。そのうちに、スキーが得意だったのと、家の近くに尾瀬岩鞍高原など有名なスキー場がたくさんあることから、リゾート地でペンションを経営したいと考えるようになりました。現在ほどフランス料理やペンションに関する情報がなく、地方の高校生の知識といえば「おしゃれな洋食を提供する」程度でしかなかったが、とにかくフランス料理を勉強しようと、卒業後に高崎調理師学校に入学しました。

高崎調理師学校からは、三笠会館に多くの学生が就職しており、先生に「ちょっと見てこい」といわれて行ったのが、実は面接で、その時点で入社が決まっていたという次第です。

三笠会館は銀座の本店と都内や神奈川県に数軒の支店があり、入社後最低1年間はギャルソンをしなければならない規定でした。もちろん、わたしの第一希望は本店の2階にあるメインダイニング。群馬県生まれで海への憧れがあったため、第二希望には神奈川県の鵠沼店を申請し、結局は鵠沼店に配属されました。

087

パティスリー タダシ ヤナギ

柳 正司

1974年、第一次オイルショックの翌年で、入社したときからめちゃくちゃに忙しかった。1階が駐車場、2階がダイニングとキッチン、3階が宴会場だったのですが、土、日にはお客様が朝から夕方まで引きも切らず行列を作っていたほどで、2階と3階を行ったり来たりしながら接客を続けてへとへとに疲れきって、海の近くにいながら1年間1回も海に入りませんでした。

当時、料理人の先輩がデザートのお菓子を作ってワゴンに載せて出しているのを見て、一流の料理人になるにはお菓子が作れなくてはいけないのだと思い、ギャルソンを1年と1か月務めた後、製菓部に移動してもらいました。本店の製菓部、ベーカリーと言っていたんですが、そこに2年くらい行ってお菓子作りを覚えて、また料理に戻ればいいだろうくらいに軽く考えていたんですね。

お菓子作りは、調理師学校時代にほんの少し習った程度だったのに、製菓部に移った初日に先輩が遅刻をして、いきなりシュークリームの計量をやらされました。まだ扱いが難しい分銅式の秤を使っていて、いきなりミスってしまい、先輩が材料を合わせた瞬間に「これは粉を間違えてるな」と言われたのがショックでした。

その頃は、きちんとしたルセットがなく、卵はただEとあるだけ。全卵と卵黄の区別も書いてなかったため、混乱しました。プリンをクレーム・パティシエールと勘違いして、卵黄を用意してしまって、材料を合わせたら量が足りず、焼いたら固まらない。忙しくバタバタしているところにもってきて、あれやれ、これやれと次から次に言われてパニックになり、焼き上がったものがスフレ・チーズケーキかジェノワーズなのかわからなくなるなんてこともありました。

入って3～4日目には、スイートポテトの水分を飛ばす作業を任されました。ペースト状にしたさつまいもに、砂糖、卵、バター、生クリームなどの材料を加え、中火にかけて絶えずスパチュールで混ぜながら焦がさないように練り、鍋肌からきれいにはがれるようにするのですが、とにかく鍋が大きい。「絶対焦がすなよ！」と気合を入れられるので、必死で練ります。40分間くらい粘土のようなペーストと格闘し、体の全面は芋だらけ、最後には腕が動かなくなって、体全体を動かすようにして練りました。

今ほど空調がよくない厨房の中で、サウナに入ったように汗まみれになり、手のひらの皮はべろべろに剥けているし、こんな仕事を毎日させられたら、絶対体がもたないと不安になりました。結局、その作業は週に2〜3回だったので助かりましたが。

最初の一週間は衝撃的で、30年以上経った今でも鮮明に記憶に残っています。今、ベテランのシェフたちの多くも、そういった経験を乗り越えてきていると思います。

ベストを尽くしているか？
自分に問いかけてみる。

1977年、三笠会館から調布のピュイ・ダムールに移りました。河田さん（オー・ボン・ヴュー・タン）、島田さん（パティシエ・シマ）、横溝さん（リリエンベルグ）、大山栄蔵さん（マルメゾン）たちがフランスなど海外から帰ってきて、雑誌等で紹介され脚光を浴び始めた頃です。

ピュイ・ダムールに入るきっかけは、当時銀座「マキシム・ド・パリ」のシェフだった島田さん。島田さんが「ルコント」にいた頃一緒に働いていた人が5年間フランスで修業し、帰国して開いた店がピュイ・ダムール。島田さんは、三笠会館製菓部の藤堂栄男シェフと知り合いで、わたしが藤堂シェフに、ほかの店に移りたいと打ち明けたときに島田さんに話を持っていき、ピュイ・ダムールがいいんじゃないかと話が決まったのです。

その立ち上げを手伝ってくれたり、遊びに来ていて出会った仲間たちが、河田さん、横溝さん、大山さん（マルメゾン）、中里さん（ショコラティエ・サンク）、藤生さん（パティスリー・ドゥ・シェフ・フジウ）、棟田さん（アルパジョン）、川越さん（しろたえ）など錚々たる顔ぶれで、ジローレストランにいらした山本さんにはとてもお世話になりました。

ピュイ・ダムールのオーナーシェフは、トゥールの大きなシャルキュトリーにいたので、当時では珍しいパテやリエットも作っていましたが、時代に先行していたため、あまり売れなくて自分たちで食べていました。

お菓子は、バタークリームをたっぷりと使い、ビスキュイが持てないほどたっぷりとアンビベして、甘さもお酒もしっかりと利かせた、まさにフランス菓子そのもの。フランス語の製菓用語を使い、ナッツを挽いてパウダーにしたり、タン・プル・タンやパート・ノワゼットを作るなど、作業のどれもが新鮮で無我夢中で吸収しました。料理人になるために必要だから、2〜3年で習得して料理のほうに戻ればいいくらいに考えていたのが、菓子作りの奥深さにすっかり魅了され、フランス帰りのパティシエたちが作る本場のフランス菓子を見て、自分もあいうお菓子を作りたいと憧れ、フランス行きを目指すようになりました。

オーナーが、東大を経てソルボンヌの大学院を卒業した先生をつけてくれて、毎週2時間、フランス語の個人授業を1年間続けました。授業に遅れないために必死で予復習し、リンガフォンのテープも買って聴き続け、店で朝6時から10時のオープンまでBGMにフランス語のテープを流していたら、1年しないうちに擦り切れました。

この頃読んだ本で、今でも一番印象に残っているのが、アメリカの大統領だったジミー・カーターの自伝「なぜベストをつくさないのか」。これを読んだら、まだまだ自分は努力をしきっていないと痛感し、頑張らねばと奮起しました。

「職人の武器は、人を納得させられる技術と人一倍の努力」

しかし、フランス行きのチャンスはすぐには訪れなかった。三笠会館のスー・シェフが辞めたため、藤堂シェフから請われて三笠会館にスー・シェフとして戻ったんです。

自分が戻ってから1か月後くらいに、藤堂シェフがドイツのヴォルフェンビュッテル国立製菓・製パン学校に1か月間研修に行ったので、その間ずっと無休でシェフの代行を務めました。

シェフ、スー・シェフの立場となると、お菓子作りの技術が優れているだけでなく、人を使いこなす度量も必要になる。

わたしも、部下から慕われるいい先生でいようなんて理想の上司像を描いてはいましたが、そんなものは三笠会館に戻って1週間以内でブチ切れました。

人はなかなか思うように動いてくれないものです。今の若い子はおとなしいと思いますよ。あの頃の若い者は気性が激しく、仕事のことで喧嘩をすることもすくなくなかった。それをうまく束ねていくのは難しかったですね。

結局は、技術を見せつけて納得させるしかない。職人は技量に対して敬意を払いますから。職人として完璧に仕事ができ、率先して、しかも人一倍仕事をしていれば、多少無謀なことを言ったとしても、「あれだけの技術があって、誰よりも仕事をしている人が言うんじゃあ、しょうがないか」と納得して、ついてくるんです。

立場上は偉くなったけれど、口ではいろいろ言っても努力をしない者の言うことなど、共感できるはずがありません。人を束ねるには、真剣に仕事に向かい、信頼されるに足る、器の大きな人間にならなければいけません。

また、厳しく締めるところと、柔らかく接する見極めも大事。スタッフと一緒に遊びに行ったり、仕事の合間に冗談を言って和やかにしていても、仕事になったらきちんとけじめをつける。言うべきことは言い、叱るときには叱るようにします。ただし、四六時中厳しい雰囲気では、スタッフが委縮してしまうので、そのへんの切り替えはうまく加減します。

また、人間は一人一人性格が違うため、性格を汲み取り、その人にふさわしい言葉で伝えるように配慮しています。相手の心に響く言葉で話せば、必ず伝わりますから。

最終的な要諦は、もしも、みんなが言うことを聞かないのなら、「1人でもやってみせる」という強さと気概を持つこと。そういった気迫をときには見せつけておくことも必要です。

三笠会館のギャルソン時代。
料理人になりたくて、
無我夢中で忙しさと戦った。

1975年 21歳。（左上です。）

目標を明確に持ち、ステップアップする

わたしは、20代後半にはシェフとして自分のお菓子を作りたいという目標があったため、店を移る決意をしました。

ピュイ・ダムール時代に知り合った仲間たちは、よく河田さんのところに集まって、情報交換をしたりしていたのですが、ちょうどその頃、ジローの山本さんから、東京・芝のレストラン「クレッセント」で、製菓部でシェフを探しているという話を聞きました。当時のシェフ、酒井雅夫さんが独立されるため、人がいなくなるというのです。

そこで、柳ならレストランの経験があり、人も使いこなせるのでいいんじゃないかという話になって。フランス人シェフも含めて数人の候補が挙がっていましたが、最終的に、クレッセントと繋がりのあった河田さんの推薦で入社が決まっ

たのです。

クレッセントはグラン・メゾンということもありましたが、なんといっても酒井さんが凄い人で、シャルル・プルースト杯の優勝者ですから、その後に行って、果たして大丈夫なのかと仲間には心配されました。

28歳と若くて怖いもの知らずだったので行けたんでしょう。あまり年をとっていたら行けなかったと思います。

三笠会館を辞めた翌日から、すぐにクレッセントに行きました。

建物は素晴らしかったし、エヴァンタイユの田中シェフなど名シェフを輩出した名門でしたが、キッチンがとても狭かったので、意外に感じました。

わたしは独立主義者ではなかったので、クレッセントで役員になることを目指しました。酒井さんが5年近くいらしたので、それより長く勤めようと思い「自分が最長不倒距離を飛ぶ」と宣言したのを覚えています。

よそ見をせず、自分の仕事を極めてこそスペシャリストになれる。

クレッセント時代は、できる限り店の中にいるようにしていました。たとえば「異業種間の交流が大切」「いろいろな人と知り合ったほうがいい」ということを書いた本が多く、一般的にもそういうことが言われます。しかし、そちらに重点を置いて、本来の仕事がおろそかになっては意味がない。

一つのことを極めた人は、考え方の奥行きが深くなり、視野が広がる。そうしたスペシャリストになった上で、スペシャリスト同士の、または異業種や若い人との交流というのも生きてくる。

100やらなければならない自分の仕事を60しかせずに、異業種交流などを一生懸命やっているというケースもあると思いますが、それでは本当にはわかり合えないでしょう。

クレッセントでは古典的なメニューも提供していたため、図書館に行って調べたり、他のお菓子屋を見て歩いたりもしましたが、やたらに出歩いているとどうしても自分の店の管理がおろそかになりやすい。商品やスタッフに対して目が届きにくくなるし、外出から戻ったあとは、仕事に対するテンションを盛り上げていくのがけっこう難しいため、極力店の中にいて、製菓部の仕事を完璧にするようにしていました。

何故そうしたのかというと、他の部署が口を挟む隙を与えないためにです。どこの組織でも、その世界だけで通じる固有のルールというのがありますよね。それは世間一般の常識や正しさと、はずれていることもある。しかし、わたしは若かったせいか、クレッセントのルールに馴染むことよりも、おかしいことはおかしいと主張しました。

相手を立てながら、またはいなしたり嫌したりしながら、自分の意のままにするという「大人のテクニック」は使わず、正攻法で戦っていましたね。そのため、古くからいる他の部署の人たちとの摩擦が起こりました。

だから、絶対に自分の部署からミスは出すまいと気合を入れており、製菓部の結束は固かったです。現在、サロン・ド・シェフ・タケエの武江章シェフ、トロワフィーユの布留川裕之シェフ、お菓子工房の高橋寿之シェフなどが、一緒によく頑張ってくれました。

仕事ができるようになるには、自己管理ができることが条件。

グラン・メゾンのシェフの重責はただ事でなく、朝、クレッセントに入る前に、瀟洒な洋館を見上げては、ため息をつく日々が続いた。しかし、河田さんの紹介で入った以上は、辞めるわけにいかない。「死んでもやってやる」と覚悟を決め、とにかく仕事を続けて、何らかの成果を残そうと考えていました。

たいへんだったのがメニュー作り。週替わり、月替わり、半年ごとに変えるグランドメニューのほかに、この金額のメニューを何通、企業の定例食事会用のメニューをなどと要求されると、次々に新しいものを考えなくてはならない。

会議では、提案したメニューの用語が料理メニューと揃っていない、同じ材料が続いて出てくるなどの理由で却下されることもあり、そのたびに案を練り直さなければならなかったのです。

メニュー作りに追われ、気がつくと、電車に乗っているときも、休みの日に公園で子供と遊んでいても、四六時中メニューや会議のことばかり考えている。それが自分で感じている以上の負担になっていました。

人間関係のストレスも重なって、最初の1年間は、過敏性結腸症候群になり、体重も減って、2年目には不整脈まで出てきてしまった。それでも仕事はきちんとこなし、クレッセントにいた15年間で、病欠したのは通算で1週間くらいだと思います。医者に「仕事と私生活の区別をつけ、気持ちを切り替えなさい」と指導され、自己管理の大切さに目覚めました。

毎日お菓子の本ばかり読んでいたのが、会社や上司を思うように動かす、部下を教育する、自己の精神をコントロールし、自分で自分にパワーを与える方法など、そういう関係の本を猛烈に読んで勉強するようになりました。

本田宗一郎さん、ミサワホームの創業者三澤千代治さんなど企業の成功者や、いろいろな頑張っている人たちの本も、「ああ、こういう考え方もある」「こんな方法だってあるんだ」と、視野を広げる参考になりましたね。

「シェフになれば、自分の世界《スタイル》が築ける。」

1996年、クレッセントの専務取締役総料理長に就任しました。自分がするべきことは果たしたと感じたので、98年に退社し、神奈川県海老名市に自店をオープンしました。

クレッセントでわたしのお菓子を愛好してくださった方も多く、洋菓子やパティシエがブームとなり、いろいろなメディアに紹介されたこともあって、海老名

クレッセント時代。
一緒に頑張った仲間とは、
情熱と信頼で結ばれている。

1986年　クレッセントのシェフ時代。
左・現サロン・ド・シェフ・タケエ　武江章シェフ
中・柳正司　右・現トロワフィーユ　布留川裕之シェフ。

駅から車で数分かかる立地でしたが、いざ開店してみると、売上は予想していた以上に順調に伸びました。母の日やクリスマスなどには長蛇の列ができ、店のドアが開きっ放しになったほどです。

２００２年に海老名駅のマルイファミリー内に出店し、05年には東京・目黒区に八雲店をオープンさせました。将来的には皿盛りデザートを提供するサロン・ド・テもやりたいと考えています。

ブームという大波が来たら、必ず引いて行くもの。ここ数年あった洋菓子やパティシエブームも、いつまでも続かないでしょう。

オーナーシェフになる場合は、フランスと同じお菓子をそのまま提供するのか、日本人の味覚、欧米人に比べて繊細な胃などの体質、時代が求める味や食感などを考えたお菓子作りをするのか、方向性を決めます。自分がどういうお菓子を作りたいのかということを、最大限に表現しつつ、同時に経営を成り立たせていくのがシェフの仕事だと思います。

家賃は高く、チョコレートをはじめとする材料も値上がりしており、原価率の高い洋菓子、とくに手間のかかるフランス菓子を作ることは、採算ベースに合わせるのが難しい。けれど、お客様に「この前のケーキおいしかった」「きれいなデコレーションなので、見ているだけで嬉しくなる」と言っていただける喜びは、何物にも代えがたい。人間は、やっぱり、認められたり褒められたりしたくて頑張るものでしょう。

なにも大きく利潤を出さなくてもいい。自分とスタッフが食べていけるだけの売り上げがあり、何よりもお菓子作りが好きであれば続けられる。シェフになれば、自分独自の世界を作り上げられるのですから、頑張ってほしいですね。

提案することで力をつけ、辛いことは喜びでカバーする。

うちの店では、材料、道具、組み合わせや作り方など、いいと思うことは「どんどん提案しなさい」と勧めおり、よいと思ったものはすぐに採用しています。といっても、みんな、なかなか提案しないので、結局、わたしが新しい方法を考えることが多いのですが…。

新しい提案をするためには、常に注意深く作業を行い、自分がやった仕事の結果を省みることが必要です。また、他人の仕事も参考になるし、たとえばホームセンターに行ったときでも、「これは何かに利用できないかな」と気にかけるようになる。

採用されれば、それが商品となってお客様に食べていただける喜びが得られ、提案が却下された場合でも、なぜ採用されなかったか、次にはどうすればいいのかを考えるため、とてもよい訓練になるのです。

また、好きなこととはいえ、仕事は辛いことが多い。うちのスタッフ、特に若い子によく言っていることですが、10のうち9辛いことがあっても、1つの嬉しいことがあれば、それを辛いことより大きく感じられるように、前向きな考え方を持つことが大切です。

辛くて辞めたくなったり、悩んだときに、そのマイナスの時間をいかに短くして、気持ちを切り替えていくか、自己コントロールするノウハウを見つけておくことが必要です。5分、1時間、半日…とマイナスの時間が長引くほど、危険度が高くなりますから。

自分を取り巻く環境や条件というのは、自分が選ぶものですが、望んだ通りの場所にいけない可能性もあり、何もかもが自分にとって好都合な環境というものはない。

それでも自分が置かれた環境の中で、どうやって目的とする方向に進んでいけるかが、課題になっていくと思います。

自分が望んだ環境じゃないからダメだというのではなく、置かれた環境の中で、ベストを尽くし切るという努力が必要です。

夢や目標に対して、自分が、今どのあたりの距離にいるかは誰にも見えない。辛くてあきらめてしまうこともあるでしょう。けれど、あと数センチ手を伸ばせば届いたかもしれない。

ものごとを前向きにとらえ、あきらめなければ、届く未来は必ずあると思います。

今、若手のシェフたちは、認められるために必死で、いい仕事をしている人たちもいっぱいいると思います。新しい材料や道具の使い方にもチャレンジしていますよね。

古典的なフランス菓子のように崩してはいけないレシピはありますが、どんな素材を使っても、最終的においしい洋菓子に仕上がればよいと思います。

彼らが頑張って、日本のお菓子業界のレベルを引き上げていって、もっといろいろなお菓子を消費者に食べてもらえば、日本の洋菓子界や食生活がより多彩に広がっていくと楽しみにしています。

Pâtisserie Tadashi YANAGI 八雲店
パティスリー タダシ ヤナギ
住所／東京都目黒区八雲2-8-11
電話／03-5731-9477
営業時間／10：00～19：00
定休日／水曜日
http://grand-patissier.info/TadashiYanagi

ガトー・ド・ボワ

林　雅彦

はやし　まさひこ

1963年、奈良県生まれ。1984年東京製菓学校卒業。マルメゾンを経て1984年ホテル西洋銀座入社。1989年ガトー・ド・ボワオーナーパティシエ。1991年クープ　デュ　モンドグランプリ受賞など受賞歴多数。同コンクール国内予選公認審査員、クラブ・ドゥ・ラ・ガレット・デ・ロワ関西支部副会長ほかを歴任。

「やったーっ！」という瞬間が今だにあるから、続けられる。

お菓子のワールドカップ「クープ　デュ　モンド」で日本人として最初に優勝した林雅彦氏。ほかにも輝かしい受賞歴をもち、恵まれたコースをひた走ってきたと思われがちだが、経営上の苦労も数々乗り越えてきた。パティシエが職業として認知された今、後輩たちの働く環境をよくするのが自分の世代の役目、と言う。店は奈良・西大寺の真向かい。朝9時の開店と同時に、ここにしかない寛ぎを求めて人が集まる。

この道を決めたのもアウトロー的な性格のためかなぁ。

親父は高度成長期に大手の建築会社に勤めていました。エリートサラリーマンが大きな評価を得た世代で、1958年から60年にかけての、いわゆるアメリカンドリームの時代です。時代はオレたちがつくったんだ、ぐらいの感じだったでしょうね。子どもの僕にとっては、こわい存在でした。

お袋はお菓子から西洋料理、中華料理、日本料理など料理全般を教えていました。自分の教室をするほか学校の講師などもしていました。今でいう料理研究家の先がけという感じでしょうか。母方の実家は牧場で、いろいろなものが送られてきていましたね。同じ奈良県で、創業は明治時代という古い牧場です。今でもやっていて、障碍のある方の仕事場としても実績があるところで、NHKで紹介されたこともありますよ。昔は牛乳とか生クリームとかを作っていました。だから僕がお菓子に進んだというのではないのですが。

僕は小さい頃からもの作りが好きでした。学校でも勉強より工作のほうが好きだったほどです。親父も何かと作ることが好きだったから、そんなところは似ていたのでしょう。夏休みになると、工作の宿題なんか親父がやってしまう。夢中になってね。先生には親が作ったって、すぐバレるような作品を（笑）。食べものに関してはお袋の影響でしょうね。小学生の頃、お袋が大きなクリスマスケーキを作る横で、10センチぐらいのケーキを作っていた思い出があります。当時のことですからデコレーションケーキというとバタークリームを使ったものなんですが、手伝ってもらわずに自分一人で、一人前に作っていました。だから、お菓子を作ることも好きだったのでしょう。

この道に入るきっかけは……はっきりとは覚えていないのです。子どもの頃、お袋のケーキが好きだったし、ケーキを作るのも好きだったけれど、だからといって菓子職人になろうとは思ってもいませんでした。高校卒業後の進路は、大学に行くか就職するか、どちらかの選択肢しかない、そんな時代でした。専門学校に進むというのは、ごく少なかったです。人と違うことをしたかったのかな。というより、親父に対する反発も大きかったと思います。自分が大人になってからわかったのですが、父親って子どもの将来にレールを敷きたいものでしょう。こうなってほしいという願望というか。親父は大学に行ってほしかったと思うのですが、僕はそれに逆行したかったのだと思いますね。親父を見ていて、サラリーマンというものに拒否反応があったのかもしれません。それより、手に職をつけたい、という気持ちがありました。そこでお袋がやっていた「食」に目が向いた。「食」をやりたいという気持ちより、とにかく、ものを作る仕事に就きたいという思いが強かったのかなと思います。

お菓子を作るということに対して、どんなイメージをもっていたかというと…僕より年齢が少し上の方と、当時の菓子職人について話したことがあります。今でこそパティシエブームで、一つの職業として社会的な地位が上がりましたが、当時はまだまだ仕事として認められていないというか、丁稚奉公的に捉えられていた時代です。自分にも、勤めるという感覚とか、給料をもらうという意識はなくて、たとえば絵描きになろうかというような感じでしたね。菓子職人を選ぶというのはアウトローであり、だからこそ「最先端」でもあったのではないか、とその方はいわれていました。そうかもしれません。今になってみれば、自分にとっていい選択だったと思いますが。

「食」の中でも料理かお菓子か、となったとき、僕はお菓子を選びました。料理は皿の上で表現します。別の場合もありますが、基本的には皿の上のアーティストという感じですね。お菓子の場合はもっと広がりがあるように思えました。華やかで夢があり、ジャンルが広いです。たとえば生ケーキであり焼き菓子であり、チョコレートがあったり飴細工、アイスクリームがあったりと幅広く、しかも、それぞれ奥が深い。表現方法が豊富ですよね。それらを一つひとつ極めていきたいな、と思ったのです。それで菓子職人の道を選択し、東京製菓学校へ行くことを選びました。いろいろ調べると、東京製菓学校の内容が自分の希望に一番合うし、もう一つには早く自立したかった。小さい頃から自立心が強かったので、家から離れて自分でやってみたかったのです。

僕が製菓学校に進んだことで、お袋は自分の跡を継いでくれると思ったかもしれません。そんな話はしたことはないのですが。今のこの店は、僕が東京製菓学校に入学した年にオープンしました。上がマンションになっているんですが、この辺りでマンションという形態の建物ができたのは、ここが最初ではないかな。周辺の開発に当たって親父が手がけたもので、一階を店舗にしたらどうだろう、ということになったようです。親父はサラリーマンだし、お袋は料理研究家といってても先生なわけだし、どちらも商売の経験がなかったので、人を頼んで店をやり始めました。いつか次男（兄がいるので僕は次男です）が継ぐかも、と思っていたかもしれません。１９８２年ですから、今から26年ほど前ですね。

僕はといえば、自立するんだという思いでいっぱいでした。奈良から東京に行ったわけですが、文化的なギャップを感じることもありませんでしたし、すべてが目新しく楽しかったです。一人暮らしも楽しい、勉強も楽しい。アルバイトをしながら学校に行き、学校で寝て叱られたりもしましたが、なにしろ楽しかった。解き放たれたような感覚がどこかにあったのでしょう。講議は寝ていましたが、実習になると人一倍張り切っていましたね（笑）。

今は製菓学校も多くなりましたが、東京製菓学校はその時代としては、ずいぶん進んでいました。学校は2年制で、洋菓子課程、和菓子課程、パン課程と分かれていて、僕は洋菓子課程を選びました。1年生で基本、2年生で応用と、菓子全般を学びます。自分は人とかなり違うことをやっていたような気がします。今でも先生には、「お前はなんか違ってたよな」と言われます。最初は学校の寮に入っていましたが、レストランのアルバイトをすると夜遅くなるので迷惑をかけるし、しばらくして一人暮らしを始めました。学校に入る前から、自分の中で、最初は寮に入り、慣れたら一人暮らし、それからどこかの菓子屋に行く、とステップを決めていたのでしょう。お菓子の勉強とは別に、たとえばアルバイトで家賃が払えるとか、生活の上で一人立ちできたということが、うれしくて仕方なかったです。今、全国を講習会でまわると、当時の同級生が顔を出してくれることがあって、みんなおじさんになったけど、懐かしい気がします。

「マルメゾン」から
「ホテル西洋銀座」へ。
がむしゃらに、
フランス文化を吸収した。

ホテル西洋時代（右から２人目）。中央はミッシェル・ブローシェフ。

働く店は自分の舌で選びたい!

ぎりぎりまで手をつけず、最後に爆発したように突き進むのが僕の傾向です。就職活動に関しても同じでした。みんなが次々に就職先を決めていくのに、最後まで何もしなかった。もう決めないといけない、となったとき、一日に10店ぐらいガーッと食べ歩いて気分が悪くなって吐いたり、そんなことをして先生に呆れられていました。今は学校が仕事先を斡旋して、生徒のほうも就職という意識が強いですが、僕らの時代はそんなこともなく、給料とか休み、保険なんか関係なかったですね。それでも学校に求人はきていましたが、求人票を見に行くことはなかったです。条件では決めたくない。自分の目で、自分の舌で、感動を覚えたところの門をたたきたい、という思いが強かったのです。それで、先生や友だちに聞いた店を片っ端から食べ歩いたわけです。何十軒も食べて、成城の「マルメゾン」が最高に印象的でした。「ここだ!」と思いました。僕が食べたのはキャラメルのお菓子だったのですが、とてもおいしかったのを覚えています。

「マルメゾン」には学校の先輩が2人入っていて、以前からかわいがっていただいていました。しかし、定員がいっぱいで「今年は募集していない」と言われてしまいました。そう言われながらも、大山さん（大山栄蔵氏）にお願いして面接していただいて、「ここで働きたいんです」としがみついて（笑）、運よく入れていただくことができました。入ってみると同期は4人いました。2人は経験者で、明治記念館の日高さん（日高宣博氏）とアニバーサリーの本橋さん（本橋雅人氏）でした。大山さんはきっと経験者がほしかったのでしょう。ゼロから教えなくてならない新卒者は大変だから、本当はいらなかったのだと思います。ともかく「マルメゾン」に滑り込めたことは、僕にとって、この世界に入る大きなチャンスでした。

仕事は厳しかったですね。先輩になぐられたりもしましたよ。今はこの職場も女性が多くなって、体育会系とばかりいってもいられず変わりましたけど、当時はまだ、手が出るのは当たり前、そういう時代でした。今、雇用主になってわかるのですが、暴力では何も伝わりません。自分の感情もコントロールできないのに、人を変えることはできませんよね。僕はぐっと我慢して、机をたたいて（笑）、そんなことは社会で通用しないよと叱ります。叱るのは教育でしょう。大山さんも手は出しませんでしたね。基本的にやさしい人なので。そうやって基本から教えてもらい、段階を踏んで覚えていきました。

「マルメゾン」のお菓子は、あの時代の最先端のフランス菓子です。大山さんは「ルコント」から「モデュイ」の流れで来ていますから、お酒をすごく効かせていたし、今とは大分違う感じでした。今、重鎮になっておられる方々、河田さん（「オーボンヴュータン」河田勝彦氏）、横溝さん（「リリエンベルグ」横溝春雄氏）、島田さん（「パティシエ　シマ」島田進氏）、そして大山さんたちが最先端のお菓子を作って、僕たちを引っ張ってくれていました。先輩方は、日本の洋菓子とフランス菓子はあきらかに違うものだと主張しつつ、仕事をしてこられた。今でいう繁盛店では全然なくて、最初はきつかったと思いますよ。それぞれの店のお菓子が個性的でした。僕は、自分の中で勝手に、一個一個のお菓子をフランス菓子屋と洋菓子屋のもの、となんとなく区分けして体感していました。日本のフランス菓子は、フランスでは当たり前のことなんだけど、一個ずつ丁寧に作り上げていくもの、というふうに捉えました。パンチがあるなあ、しっかりしているなあ、とも感じましたね。洋菓子屋さんのお菓子は、シュークリームにしても、皮は薄くやわらかくてクリームが多いでしょう。日本人の味覚に合うように進化してきたのだから、フランス菓子とは根本的に違います。いい、悪いでなくて、好みの問題ですね。自分はどちらを選択するか。日本的な洋菓子のほうがビジネスとしてはいいでしょう。その選択もあったとは思いますが、やはりフランス菓子を選びました。今になると、時代はずいぶん、変わったと思いますね。あの頃、フランス菓子を出したら、お客さんにドン引きされましたから（笑）。

3年後に大山さんの紹介で「ホテル西洋銀座」へ移りました。グランシェフの鎌田昭男シェフ以下、レストランのオープニングスタッフもそうそうたるメンバーでした。鎌田シェフと大山さんは仲がよくて、大山さんに声がかかり、大山さんが僕に、面接に行ってこいと言ってくださったのです。帝国ホテルやホテルニューオータニ東京など日本の最高級ホテルを目指す勢いでオープンしたホテルでしたから、事務所には履歴書が山積みされているという状況でした。

ミッシェル・ブローからフランスのエスプリを学んだ。

パティシエは「ペルティィエ」のシェフをしていたミッシェル・ブローがシェフ、稲村さん（「パティシエ　イナムラ　ショウゾウ」稲村省三氏）がスーシェフでした。ミッシェル・ブローはMOF（フランス国家最優秀職人賞）をとったばかり。自信もあったでしょうし、やることもすごい。最高のお菓子を作るのをナマで見ることができたのが、僕にとって大きかったです。材料も違う、色の使い方も違う。こういう組み合わせをするのか。フランス人の感覚に直に触れた感じでした。後に、大山さんにも、いい時代に行けたよね、ミッシェルがいたからね、と言っていただいたのを覚えています。「マルメゾン」で基本を学び、ホテルでステップアップできました。大山さんのおかげです。

稲村さんの下で働けたのもよかったです。稲村さんの口癖は、「当たり前のことを当たり前にできるように努力してください。それは一番難しいことなんですよ」。そして「みんな必ずシェフになるのですから」と。お前たちが全員シェフになると確信している、と言い切るんです。今になってわかるのですが、「当たり前のこと」というのは時代が変わると何ごとも変化する。10年前に当たり前だったことが、時代が進むと違ってくる。常識も変化するということです。よくよく考えて、勉強し続けていかないとだめなんです。稲村さんの言葉は大変な格言だったなと思います。それと、24時間の使い方。一日の限られた時間の中で、何を優先したらよいかを常に考えなさい、と教えられました。充実した一日が過ごせれば「達成感」が得られる、と。稲村さんには、本当にいい勉強をさせていただきました。

ホテルはバブル期の最後に計画されたので、アラブの大富豪がジェット機でやってきたというような華やいだ話題には事欠かなかったのですが、実際は経営的に大変だったようです。部屋数が少ない上に、宿泊客一人にギャルソンが一人専属につくというような贅沢な計画で、景気が下降線を辿っていた時期では無理があったのでしょうね。そういうこととは別に、僕達は、気持ちよく作っていました。最高のものを作るんだ、最上のものを勉強したい、と張り切っていました。

ホテルというのは生菓子が中心で、焼き菓子などは外注するところが多いのですが、「西洋銀座」は、焼き菓子も自分たちで作り、宴会もやり、パンも焼き、すべて外注なしで作りました。そういう意味で非常によかったです。飴細工を覚えたのもこの時代です。忙しかったけれど、僕の引き出しがすごく充実しました。

当時、いろいろな方から、エリートコースを歩いているね、と言われましたけれど、自分ではそんなことはわかっていませんでした。そのときの自分の位置が見えたのは後々になってからのことで、当時はただ夢中で、「体験」の自覚がなかったです。とにかく、見るものすべてが、新鮮でした。

クープ　デュ　モンド優勝、
経営上のつまずき。
波乱万丈だったけど…
やっぱり
この仕事が好きなんだなあ。

クープ デュ モンドの優勝風景。28 歳だった

いざフランスへと思った時、実家からSOSが届いた。

ミッシェルが、僕のフランス行きの線路を引きかけてくれた頃、奈良の実家から帰ってきてほしいと言われました。今思えば、サラリーマンと先生では商売はもちろん、人を使うということができません。人が続かない、本当に困っている、と。親父の体も具合が悪い状態で、それを言われたら仕方がない。若かったから悔いはありましたよ。これからフランスに行こうかと思っている矢先ですし、大山さんにも、奈良に帰ったら二度と出てこられないよ、と言われました。実際、その後、東京に戻ることはなかったのですが。いろいろある中で、とりあえず、いったん帰ることにしたのです。

そして帰ったら、待っていたように親父が死にました。僕が帰らなかったら死ななかったのではないか、というぐらい突然に。店の経営に関しては、親父はすでに会長という立場でしたから、現場への影響はなかったのですが、とにかくショックでした。

両親の店はその頃、ホテル出身のパティシエがみていてくださっていて、フランス菓子、ドイツ菓子のほかヨーロッパ全般の、当時としては洒落たお菓子を作っていました。高級店として流行ってはいたのですが、ホテルの要素が強かったのかな。生菓子が中心で、焼き菓子などが弱い。その点、僕は、自分なりに引き出しはもっていると思っていて、商品を幅広くする自信がありました。でも、ミッシェルと一緒に働いたときに最高のものを見てしまったので、それをそのままやりました。若かったですから。やって来たことはできるけれど、店に合わせ、お客様に合わせて改良するというところまで技量として追いついていない。突っ張っていましたね、あの頃は。当然、お客様には、引かれました（笑）。こういう場所には、新しすぎて通用しない。それじゃギフトをやろう、ということで焼き菓子を増やしていきました。関西に、そういう流れが出はじめていた時期でもあり、店は徐々に回りはじめました。

ああ、これでフランスへ行ける！

そんなときに、クープ デュ モンド（クープ デュ モンド ドゥ ラ パティスリー／2年に一度フランス・リヨンでおこなわれる世界最高峰の製菓競技会）の話をいただきました。最初に思ったのは、「フランスに行けるんだ」ということ。店をどうする、という迷いはなかったです。兄が経営を一緒にやっていたということもありますが、それより、「この機会は二度とない」と思いました。きっかけは杉野さん（「イデミ スギノ」杉野英実氏）。その頃は大阪のコルドンブルーの先生をされていました。当時は全日本洋菓子工業会が窓口になっていて、そこから杉野さんにオファーがあり、3人一組のグループ競技ですから、日本の「ペルティエ」でシェフをされていた安藤さん（「ユーハイム」安藤明氏）と、若いのが必要ということで僕に声がかかりました。

杉野さん、安藤さんはミッシェル・ブローがシェフをやっているときに「ペルティエ」に研修に行っていますし、安藤さんは日本の「ペルティィエ」のシェフをされていました。僕は「ペルティィエ」のシェフだったミッシェルの下にいた。ということで、3人ともペルティィエ系で、味覚の原点がペルティィエでつながっています。おいしいと思うポイントが同じなのですね。杉野さん、安藤さんはスゴイです。どちらもスゴ腕の職人で、それぞれに思いがあるから、若い僕はサンドバッグ状態(笑)。だって誰かがそうならないと、前に進まないでしょう。

コンクールの現場は大変です。これがフランスのコンクールなんだな、これがフランス人なんだなって、感じました。つまり、事前に打ち合わせをしているはずなのに、材料が届いていない。日本の材料はフランスでは手に入らないから全部持って行きました。生クリームは脂肪分が違うし、砂糖の純度も違いますから。それらは来ているのだけど、それ以外のものが、足りない。よーいスタート、という時点になって、それがわかりました。材料がなくてできません、とは言えないから、とにかく形にしなくては。最終的には、その場でメニュー変更しました。臨機応変に対応する、それをもっとも学びましたね。経験を積んできたからできた、というところもあります。とにかく、日本人ではじめて優勝という結果を持ち帰ることができました。

帰った後、出店オファーが次々に来ました。とにかくチャンピオンの店だからということで、ほうぼうの百貨店から声がかかり、出店しました。いちばん多いときで、5店。もちろん、「バリバリの」フランス菓子です。時代が徐々についてきて、受け入れられたこともあり、売り上げは伸びていきました。

経営破たんの危機から脱出。次の目標へ向かう!

ところが、経営をちゃんと勉強していないから、売り上げに対する原価のバランスが悪いのです。売れても利益が上がらない。また、普通の経営者の方だったら、売れるものを作れ、といってだんだんに底上げをするのでしょうが、僕はそれをやらなかった、というか、やりたくなかった。クオリティを保ちたいと、やりたいことを優先しました。ある意味、わがままだったですね。それに、本店で作るだけでは追いつかなくてラボ（製菓工房）を建てたので、それがさらに重荷になりました。梅田（大阪中心部）の店は非常に好調だったのですが、1店で支えられるわけもなく、会社自体が危なくなったので、出店していた店を1店ずつ閉め、最後は本店とラボだけ残しました。店を閉めることも大変ですが、せっかく育て、働いてくれていた人に辞めてもらうことが一番つらかったです。

経営者としての本当の勉強は、このときにしたのかな、と思います。税理士の先生にほめられましたよ。よくやったな、間に合ったな、と。融資のお願いと返済の連絡、返済、返済のくり返しです。普通は銀行の窓口に行くのですが、僕は誠意を伝えたくて銀行でなく保証協会まで出向きました。毎月、自分で。ここまでやっているパティシエはいないと、これは自分でも思います。最後は、もう来ないでいいから、わかったから、と言われたぐらいです。そうしているうちに、売り上げが伸びはじめました。

あとは努力次第。そこまでに2年かかりました。若いときにお金の苦労ができたことは、今となっては有り難かったかな。もう二度としたくないですが。

今はちょうどよい規模で安定したお菓子作りをしています。経営者としての課題は、ウチの子（社員）たちの環境整備ですね。たとえば、現在の社会状況では、客単価に対しての原材料費と設備投資が高過ぎます。どこかでバランスをとろうとすると、人の使い方しかない。極端にいうと夜中まで働くことになってしまいます。そうすると、定着率が悪くなって、品質が落ちます。うちの店ではこの何年か、平均して隔週2日は休みにし給料はそんなに多くないけれどボーナスを出すようにがんばっています。今、パティシエは12人、販売スタッフとパート勤務の方を入れると延べ30人を超えています。店の規模からいうと人数が多いのですが、休みを確実にしようとすると、このぐらいは必要です。そうやって職場環境を整えたためか、うちは定着率がいいんですよ。不思議なもので、店がバランスよく動いていると、お客様にはすぐわかるようです。

今、スイーツブームと言いますが、それに伴ってパティシエという職業の社会的な地位が上がったのはうれしいことです。高木君（「ル・パティシエ・タカギ」高木康政氏）、辻口君（「モンサンクレール」辻口博啓氏）とか鎧塚君（「トシ・ヨロイヅカ」鎧塚俊彦氏）などがマスコミを通して発信してくれたことも大きい。次はパティシエの働く環境をよくして、職業としてもっと安定させたい。それが僕たちの年代の役目でしょう。確かにお菓子を作るだけの修業時代は楽しかったけれど、今はウチの子たちが育つ楽しみ、というのも大きいです。

今、45歳。65歳まではやろうと思っているので、残りの20年でもう一度、勝負をかけよう、というのが最近の思いです。近々、店とラボ機能を一緒にして少し大きい店作りをしたいと思っています。65歳を過ぎたら？　自分が辞めた後も店を残したい、とは思わないんですよ。パティシエ系の店は個人の「顔」で成立しているものだと思うので、僕がいなくなれば、それはもう別の店でしょう。

生き方が不器用で失敗をしてきた僕が、こうしてお菓子の仕事を続けているのは、単純にお菓子作りが好きだから。面接のとき、入社の動機を聞くと、「小さい頃、お菓子を作ると家族が喜んでくれたから」という子が多い。内心、「そんな甘いもんじゃないよ」と思いながら僕自身、今だに、お菓子を見て「やったーっ！」と思う瞬間がある。それがあるから続けて来られたと思うのです。
世界的不況というけれど、お客様は1000円、2000円で、お菓子とお茶のあるホッとした時間を過ごしに来てくださる。癒しの時間を提供できるのが、僕らの仕事の醍醐味ですね。そして、今日一日、やり切ったという日に感じる達成感。確かにDNAというものがあるかもしれないけれど、なによりお菓子作りが好き、こつこつ努力する、というほど強いことはありません。

Gateau des bois　ガトー・ド・ボワ
住所／奈良市西大寺南町1−19−101
電話／0742−48−4545
営業時間／9：00〜19：00（4月〜11月は9：00〜20：00）
定休日／不定休
http://www.gateau-des-bois.com

ル・パティシエ・タカギ

高木康政

たかぎ　やすまさ

1966年8月16日東京都出身。辻調理師専門学校フランス校を卒業後、成城の「マルメゾン」、パリの2ツ星レストラン「アンフィックレス」などで修業。日比谷の「レ・サブール」でシェフを務めた後、2000年、駒沢に「ル・パティシエ・タカギ」を開く。「ガストロノミック・アルパジョン」での優勝ほか、数々の賞を受賞している。

「お菓子でひとを幸せにする、それがパティシエの使命。」

国内外での厳しい修業やフランスでの人種差別など、辛い経験を重ねても、捻れることなくおおらかな人柄でいられるのが高木康政シェフの天性の明るさと強さだろう。日本人パティシエで唯一、カカオ豆の選別から調合、焙煎方法までのすべてをプロデュースしたオリジナルショコラを展開。経済支援のためにカムカムという南米の素材を使用したり、チョコレートの売上金の一部をアフリカ・ガーナでの井戸建設費として寄付するなど、社会貢献活動にも取り組んでいる。

僕が生まれたのは東京都葛飾区。3人兄妹だったのですが、下町の工業地帯だったため、全員が喘息気味になってしまい、千葉県に引っ越しました。今まで住んでいた家よりも台所が広く、大きなガスオーヴンがあった。

母はとても料理好きで、シュークリームやパイなどのお菓子もいろいろと作ってくれました。お菓子を焼くときの温かくて甘い香りが、家中に広がると幸せな気持ちになり、マドレーヌを焼いているときのバターの芳醇な香りが漂うときは、格別でした。このとき感じた温もりや幸福感が、僕の原風景になっています。

マドレーヌに教わった、ひとを喜ばせる嬉しさ。

初めて、それもたった一人でお菓子を作ったのが9歳のとき。いつも母のそばでお菓子を作るのを見ていたから、同じようにすればできるだろうと思って。

当時、家のオーヴンはプロパンガス使用で、危ないから子供だけのときには絶対にさわってはいけないと言われていた。

でも、ある日、母が買い物に行っている隙に、オーヴンについてきたレシピをとり出して、マドレーヌを作ってみたんです。母のやっていた通りに、粉を篩って、卵を溶き、バターを溶かして。オーヴンを開けると、自分でも驚くほどうまく焼き上がった黄金色のマドレーヌが、まるで微笑んでいるようでした。

そっとテーブルの上に置いておくと、帰ってきた母が見つけてものすごく驚き、火を使ったことを叱られました。でも、マドレーヌを食べると満面の笑みで喜んでくれた。

「とてもおいしい。ひとりで作っちゃったなんて、すごいわねえ」と。母を喜ばせることができて、すごく嬉しかった。自分が誰かを笑顔にできると知った嬉しさは、今でも胸の奥で支えになっています。

ひとつの夢が破れ、次の夢に向かって走り出す。

3歳から野球を始め、高校は野球の名門に通っていました。毎日の練習は厳しかったけれど、甲子園という目標があったから耐えていられた。しかし、野球部の監督は超ワンマンな先生で、彼に対する不満は日々つのっていきました。

高校生といえば、カッコつけたがる年頃。僕と仲間たちは、帽子をつぶして被っていたんですが、運悪く、僕だけが先生に見つかって、有無を言わさずボッコボコに殴られました。「このくらいのことで！　もう、やってられない」と僕の中で、我慢の糸が切れ、あっさり退部しちゃいました。辛いことを乗り越える喜びよりも、友達と遊ぶことの楽しさに負けちゃったんですね。2年生でした。

3年になって進路を決めるときに、頭の中でシュミレーションしてみたんです。大学を出て、どこかの企業に勤めて、40年近く無難に働いて定年を迎える、自分はそれで満足なのか、本当にやりたい仕事はないのか、と。すると、お菓子屋になって、ひとを喜ばせたいという思いが強く湧いてきたのです。

両親は大反対をしましたが、自分の希望を訴え続けると、父が「フランス菓子をやるなら、フランスの学校に行ってとことんやりなさい。フランスに行かないんだったら大学に行くこと」という条件を出してきました。

フランス校があるということで、大阪の辻調（辻製菓専門学校）に入学。

辻調は先生方も第一級ですが、その授業も規律の厳しさも並大抵じゃない。登校時には、先生が門のところにいらして、髪形や身だしなみを検査する「頭髪チェック」まであって。フランス校には、成績優秀なうえに実技を一発で合格した生徒しか行かせてもらえず、しかも無遅刻無欠席の皆勤賞を取らなければいけなかったので、風邪で熱があるときでも、這うようにして学校に行きました。

甲子園が背中を押してくれた。

高校2年でやめてしまったけれど、野球に対する情熱は持ち続けていました。兵庫には、あの甲子園がある。あるとき、どうしても甲子園が見たくてたまらなくなり、思い切って訪ねてみました。運良く管理人さんが出てきたので、頼み込んでみると、必死の思いが伝わったのか、バックネット裏から見学させてくれました。「15分経ったら、迎えに来るから」と言い置き、僕を一人にしてくれて。

暗い通路を抜けると、試合後に選手がインタビューを受ける廊下が見え、その先の階段を上がると、夢見ていたグラウンドが目の前にある。向こうには大きなスクリーンが広がっている。感激で鳥肌が立ちました。そのあと、猛然と後悔と悲しさが湧いてきたのです。野球をやめなければよかった、頑張り通せばよかったと。こんな苦い思いは、もう、絶対にしたくない。どんな困難に出遭っても、絶対にパティシエになる夢はあきらめないと、決心したのです。

人生には、その時にしかできないことや、するべきことというのが必ずある。それを投げ出したり、あきらめたりすれば、後悔しか残らないということを、甲子園が教えてくれたのです。

得られるものは貪欲に吸収する。

努力の甲斐あって、フランス校に留学することができ、その間にリヨンの「ピニョル」でスタージュ（研修）を受けました。

学校で学んだから知識と理論はある程度持っていましたが、プロの技術には全然追いつけなかった。フランス語も不十分で、意思の疎通が思うようにできない、人種差別されるなど辛いことが多く、フランスが嫌いになりました。「二度と来るもんか！」と思って帰国したのです。

卒業後は、東京・成城の「マルメゾン」へ。店の商品のほかに、ホテルにお菓

希望と不安が綯い交ぜだった初めてのフランス。

憧れのポール・ボキューズ氏に肩を抱かれ、緊張で、笑顔がちょっとこわばったのを覚えている。

子を卸していたため忙しく、早朝から夜遅くまで仕事がありました。

大山栄蔵シェフは厳しい方で、シェフがいると、みんな緊張しましたね。

人手が要るときや、なにか教えようと思われたときには「明日、〇〇を作るけど、誰か来られるかな？」と言うのが、大山シェフのやり方でした。決して、誰に来いと指名することはなかった。きっと、やる気のない者に無理強いしても無駄だと思われたのでしょう。

シェフにつきっきりで作業するのは気づまりなため、志願する者はめったにいなかった。なんて、もったいない。シェフに直接質問できるチャンスなのに。せっかくマルメゾンに勤めていながら、大山シェフの技術を学ばなくて、どうする⁉　と思った僕は、積極的に志願しました。

作業をしながら、このお菓子はどういうテーマで作ったのか、なぜこの構成にしたのか、配合や組み立て、仕上げについてなどなど…、問いかける僕に、大山シェフは出し惜しみすることなく、丁寧に何でも教えてくださったのです。

だいたい夜の12時近くになってやっと作業が終わると、「メシでも食べていくか？」と声がかかります。明日も朝が早いから、一刻も早く帰って寝たいんだけれど、シェフに質問できると思うと、眠気も疲れもなんのそのでした。

ある夜、帰りの車の中で、シェフが大切にされているものは何かと尋ねたことがあります。

「1がマルメゾン、2が大山栄蔵」と答えると、シェフは黙り込んでしまいました。沈黙がこわくて、「売上は？」と聞くと、「売上げはいらない。そんなもの、なくたっていいんだよ！」と答えが返ってきました。

店とお菓子が一番大切、次が大山栄蔵というブランドで、それを傷つけないために、丁寧なお菓子作りをするということだと理解しました。そして、売上げだけを考えて、利に走ったお菓子作りをしてはいけないという意味なんだなと。

もうひとつ、大山シェフに教わった大事なことは、嘘をつかないこと。

一度、フィナンシェの焼成に失敗して、焦がしてしまったことがあります。オーヴンの上に、ジェノワーズの切れ端などを入れておく番重があるので、あわててその中に隠し、素知らぬ顔をしていました。

すると、今もって不思議なのですが、外出から戻られた、なにも知らないはずのシェフが、おもむろに台に登って番重をチェックしたのです。ひどく叱られましたね。失敗したことをではなく、嘘をついたことをです。失敗は誰しもするが、それを隠してはいけない。自分がなにをしたかという責任感を持て、ということです。それ以来、失敗してもごまかしたり、逃げたりはしていません。

マルメゾンは、入ってから3年間のうちに必要なことをすべて身につけさせ、店を送り出すという方針。僕も、入店して3年が過ぎたため、次の修業先を探しました。アシェット・デセール（皿盛りデザート）や、飴細工などの工芸菓子の腕も磨きたいと考えて、ホテル西洋銀座に移りました。

雪辱を果たしに、フランスへ。

そうして修業を重ねるうちに、フランスで味わった悔しさがふつふつとよみが

えってきて、もう一度フランスに行きたいと思いはじめていました。「負けたまま
じゃないぞ‼」ってね。総料理長の鎌田昭男さんからも「フランスへ行ってこい！」と檄を飛ばされましたから。

資金は貯めていましたが、修業先は決めませんでした。ホテル西洋銀座からは、多くの先輩が渡仏していたし、シェフに修業先を紹介してもらうこともできたけれど、できるだけ自分の力でやってみるのが、僕の性分なのです。

ホテルで経験を積み、フランスに乗り込んだのは、１９９１年、25歳のときのことです。

パリで安い部屋を借りて、履歴書と作品ファイルを持ち、１か月間で27軒の店を回りました。無名の、紹介状も持たない日本人など、どこでも門前払いだったけれど、市内の道路やメトロのうまい乗り継ぎ方は、ばっちり覚え込みました。

そうこうしているうちに、アルザスの「ジョルジュ・ベルニュ」が日本人を欲しがっていると聞きつけ、さっそく出向いて雇ってもらいました。

パリのパティスリーにある華やかなアントルメやプティ・ガトーといった生菓

子は、日本でも勉強できますが、素朴な地方菓子・伝統菓子はその土地でなければ学べないため、地方の店というのは恰好の修業場所なのです。ジョルジュ・ベルニュは、伝統菓子と生地類が豊富な店で、地方菓子の魅力を実感したものです。

次に移ったのは、ルクセンブルグ大公国の名店「オーバーワイス」。ここでは、ドイツ系の製菓技術が習得できました。

たゆまぬ努力が咲かせた、比類なき薔薇。

お菓子の技法の中で、特に魅かれたのが飴細工。グラニュー糖と水、ときには水飴を加えて炊いた飴を、引く、型に流す、膨らませるなどして、いろいろな造形に仕立てていきます。

フランスで修業中、あるイベントで、フランス人のMOFパティシエ、フィリップ・ザゲスさんによる飴細工のデモンストレーションを目にし、今まで見たことのない美しさに圧倒されました。思わず、ザゲスさんをつかまえて、その輝きを作り出す秘訣を尋ねると、「飴は強く引くほど輝く。厚くつまんで引くとよい」と教えてくれたのです。

それから、手元にあったお金をはたいて、保温ランプなどの飴細工用の道具を買い込み、職場では空き時間を利用し、仕事が終わったらわき目もふらずに借りていた部屋に戻り、必ず、毎日1回は飴にさわって肌に感覚を記憶させました。

部屋には絨毯が敷いてあったため、炊いたときには180℃以上の高温になる飴を扱うのは危険なことでした。悩んだ挙句、閃いたのがトイレ。タイル張りの床なら、飴をこぼしても火を出す心配がない。大量の砂糖を買ってきて、毎日トイレにこもって練習したものです。ただ、もっと上手になりたい、より美しい飴細工が作りたいという一心でした。

自分でも、技術がついてきたなと感じた頃、実力を試すためにコンクール・ガストロノミック・アルパジョンに応募しました。

このコンクールは、料理をはじめ、チョコレート、アイスクリーム、飴、氷細工などのジャンルがあります。毎年、応募者全員が自由なテーマで作品を競い合う。僕が参加したのが92年。「コロンブス生誕500周年」を僕はテーマにしました。コロンブスの時代の帆船は細部までこだわって作り、コロンブスの肖像画と薔薇を配しました。

結果は、優勝。しかも日本人では最年少記録。最高に嬉しかったです。

コンクール当日の天気は嵐で、湿度85％と、飴にとっては最悪といえる状況。それにもかかわらず、湿気ってだれることもなく、輝き続けたことが評価されたのです。

引き飴（シュクル・ティレ）は、通常、砂糖と水に水飴を加えて伸ばしやすくするのですが、仕上がりの輝きや美しさが長時間もたないという欠点があります。僕は砂糖と水だけで作り、一般的には160℃くらいに炊くところを、175～180℃まで煮詰めて水分を飛ばし、湿気に強い頑丈な飴を作ります。引くときにペンチが必要なほど、ものすごく硬い。作業効率よりも美しさを重視し、手間を惜しまない点も高く評価されたようです。

とくに薔薇は、花びらの先端を細く引き伸ばしたオリジナルのデザインで、微妙な角度にこだわって組み立てました。繊細な艶やかさが、「日本的な美を見事に表現し尽くした」と絶賛され、「ローズ・ジャポネーズ」と称されました。

ヨーロッパの専門誌や新聞で取り上げられて、僕はいきなり有名人になりました。今まで鼻もひっかけてくれなかった店からも、来てほしいとオファーが殺到し、実力主義を実感したものです。

お菓子屋はディズニーランドを目指せ。

アルパジョンでの優勝後は、フランスの有名店をはじめ、ヨーロッパの国々からも多くの誘いがありましたが、日本で自分の店が持ちたいと思ったので戻りました。

日本でも、いろいろなところから声がかかり、興味をひかれたのが東京・日比谷のレストラン「レ・サヴール」。日本生命の経営で、レストラン全体のリニューアルを考えていたため、立ち上げから参加できるというのが魅力でした。統括していたのは、トーマス　アンド　チカライシ株式会社の社長、力石寛夫さんです。

力石さんには、お菓子が「つまらない」「楽しみがない」とだめ出しをされ続けていて、どうにかして期待に応えよう、昨日よりもよいものを作ろうと工夫しているのに、「ホスピタリティがないんだよ」と言われてしまうのです。ホスピタリティとは、おもてなしの心、相手を楽しませる思いやりです。自分のお菓子のどこにそれが足りないのか、模索する毎日でした。

レ・サヴールに入って1年が過ぎた頃、力石さんの勧めでアメリカに行ったんです。ヨーロッパのよさは伝統と着実性。アメリカにはそれはないが、だからこそ面白い発想にチャレンジできる。何でも「楽しもう」という精神に溢れているからと言われ、行ったところがラスベガスです。

それはもう、びっくりしましたね。カジノの中をジェットコースターが走り回っているんですから。レストランの従業員もサービス精神が旺盛。とにかくお客様を楽しませよう、気持ちよく過ごしてもらおうという、まさにホスピタリティに溢れている。デザートだってめちゃくちゃ大きくて、花火が飾ってあったりする。テーブルに届くと、みんな、わぁっと大喜びです。まぁ、正直言って、味はいまいちなんですけどね…。

そうか！　こういうやり方があったのかと、新しい世界が開けました。これまでは「フランス菓子はこうあるべき」という考えにとらわれていましたが、もっと自由に、遊び心を取り入れたお菓子作りをしようと思ったのです。

和の素材、アジアの素材など、今までフランス菓子で使っていなかった素材にもチャレンジして、組み合わせやデコレーションにもサプライズを加えるようになりました。

ディズニーランドに行くと、誰もが地図を見て、ここに行こうか、どのパレードを見ようかって迷う。そのどきどき、わくわくするのが楽しい。パティスリーも同じく、あれこれ迷って、選ぶのを楽しむ場所であるべきで、店に来てくれたお客様全員に楽しんでいただきたいと思い続けています。

「見てびっくり、食べて驚き、食べたあとでおいしくて嬉しい」、それが僕が目指し、作り続けるお菓子です。

おいしさが幸せを呼ぶ。

レ・サヴールから独立して、東京都世田谷区深沢に「ル・パティシエ・タカギ」をオープンしたのは2000年です。6月には息子が生れたこともあり、頑張るぞと決意を新たにした、僕にとって大きな意味のある年になりました。

オープンから2年目のハロウィーンの数日前のこと。店に若い母親と小さな女の子がやってきました。お母さんはあまり社交的でないようで、なぜだか、つん

ガストロノミック・アルパジョンでの優勝が、僕の人生を大きく変えた。

手のひらと指先を何度も火傷しながら創りあげたローズ・ジャポネーゼは、永遠に咲き続ける。

つんした感じで、「なんだ?」と思いましたね。かぼちゃのお菓子を作ってほしいという注文だったので、かぼちゃのムースとリンゴを使ったケーキを作りました。

受け渡しをした翌日、スタッフが「シェフ、昨日の母娘が来ています」と呼ぶのです。どうしたんだろう、まさか、髪の毛でも入っていたのでは? と気乗りしないで出て行くと、お母さんも女の子も、すごく幸せそうな笑顔で迎えてくれて、女の子が胸に抱いた花束を「ありがとう」って僕にくれたんです。お母さんも「とてもおいしかったです」って。僕は、もう、たまらなかったな、熱いものが込み上げてきて。

おいしいものは、人を幸せにして、笑顔を咲かせる力があるんですね。それをあらためて教えてくれたあの母娘に、僕の方こそ「ありがとう」って感謝しています。

思い起こすと、アルザスのジョルジュ・ベルニュにいた頃、仕事が忙しくて手が足りなくなると、マダムが夜ごはんを作ってくれないことがありました。夜中にお腹が空いて我慢できなくなり、こっそりと古いブリオッシュを持ち出し、日本から持って行ったインスタント味噌汁と食べたことがあります。硬くなったブリオッシュと味噌汁は、とてもまずかった。日本から遠く離れたアルザスで、一人でいる寂しさに加速度がつきました。一人は寂しいけれど、食べ物がまずいのは、もっと寂しい。人間は、食べるものがおいしければ寂しくないんだなと痛感した出来事です。だから、僕はおいしいものを作り続けようと思っているのです。

技術は「基本」の集合体である。

パティシエを目指す人には、ぜひとも、基本的なことをしっかりと身につけてほしい。技術というのは、基本が重なり合ったものですから、きちんと訓練し続ければ、よほど不向きな人以外は、4～5年で、必ず技術的には一人前になれます。

技術よりも大切なことは、その人独自の感性や表現力があるかどうかです。感性を磨くには、ファッション、映画、音楽など、お菓子以外のことにも興味を持って接することが必要ですが、「考える」のもよい方法です。どういうお客様に食べていただきたいか、どんなお菓子を提供したいかをちゃんと考えるかどうかで、感性の差が出ます。考えることをしない限り、新しいものは生まれません。

そして、体調に左右されずに、毎日同じレベルのものが作れるようにすることを心がけてください。人間は、慣れるとどうしてもだれるので、常に一定レベルの作業ができるように、心身をコントロールすることが必要です。

仕事というのは辛いのが当たり前。新人なら誰もが、シェフや先輩に叱られる。それでもめげずに頑張った人が、最後に笑うのです。辛いときは、泣いても愚痴をこぼしてもいい。感情を溜め込まずに吐き出して、ストレス解消したら、よし、明日は頑張ろうと思う。そういう気持ちの切り替えが、うまくできるようにするといいですね。

「いつかは本格的なパティスリーを！」という念願が叶って、08年4月、東京・青山に「ラ・メゾン・ドゥ・タカギ」をオープンすることができました。

今後やりたいことは、ケータリング。ヨーロッパではホームパーティが盛んで、そこにケータリングするのもパティスリーの仕事です。海外生活経験のある方も増えてきているし、これからはホームパーティが増えると予測しているんです。ケータリングなら、もてなす側が料理やお菓子を作るためにてんてこ舞いすることもないですし。ヨーロッパ式のホームパーティの楽しみ方を提案したいと思います。

常に、新しいことに挑戦し続けて、ひとを感動させ、日本の洋菓子と日本人の味覚のレベルを引き上げていけたらいいなと思っています。

LE PATISSIER TAKAGI. ル・パティシエ・タカギ
住所／東京都世田谷区深沢5－5－21
電話／03－5758－3393
営業時間／10：00～19：00
定休日／水曜日
http://www.lplctakagi.jp
LE CHOCOLATIER TAKAGI ル・ショコラティエ・タカギ
住所／東京都世田谷区深沢4－18－14
電話／03－5758－6888
営業時間／10：00～19：00
定休日／水曜日

アテスウェイ

川村英樹

かわむら　ひでき

71年新潟県生まれ。89年、東京プリンスホテルに入社。97年、第16回クープドフランス世界大会　日本人初の総合優勝。2000年、ブルターニュ『テルメスマリーンホテル』勤務。01年、東京・吉祥寺『アテスウェイ』のシェフ・パティシエ。07年、同店オーナーシェフとして独立。08年、WPTCチームキャプテンとして準優勝。

「夢は叶う。努力は必ず実るから。」

都心から離れた、駅からも離れた住宅地の中に、大人気の『アテスウェイ』はある。フランス・ブルターニュ名産の塩を使ったコンフィズリー、目を引くオーナメントのアントルメの数々。その原点となって支えているのは、父の背中と、ホテル時代とフランス・ブルターニュにあった。

僕の両親は、新潟でお菓子屋を営んでいました。ショートケーキ、モンブラン、プリンアラモードなどが並ぶ、昔ながらの洋菓子店です。父は地元にある町場のお菓子屋で修行して自分の店を開き、最終的には3店舗にまで店を広げました。両親は休みなしに働いていて、子どもの頃はほとんど遊んでもらえなかったですね。

友達からは「いいなぁ、毎日ケーキが食べられて」なんて羨ましがられたけど、僕はお菓子屋に生まれてよかったなんて思っていなかった。ケーキ自体も、あまり好きじゃなかったんですよ。いつも身近にあって、特別な存在じゃなかったからかな。

でも、両親のことはすごく尊敬しています。一生懸命に仕事をしている親の姿を見て、子ども心に「すごいなぁ」と感じていましたから。サラリーマン家庭よりもシビアな現実を見ている分、漠然とですが「仕事は一生懸命にやらなければいけないものだ」と捉えていたし、両親からは仕事に対する姿勢のようなものを、知らず知らずのうちに学んでいたのだと思います。

ただ、僕はお菓子づくりにはまったく興味がなかったんですよね。店の手伝いをしたことはほとんどなかったし、親も「手伝え」とは一切言わなかった。親が大変なのをずっと見てきたから、「将来はお菓子屋になろう」なんて全然考えていませんでしたね。

でも、いざ高校3年になって自分の進路を考えたとき、特にやりたいことが見つからない。勉強は嫌いだし、営業のような仕事に向くタイプでもない。そう考えていくうち、最終的には「せっかく親父がお菓子屋をやっているんだから、そのまま店を継いだ方がラクなんじゃないか」って考え始めた（笑）。

親父の跡を継げば、そのまま社長への道が開かれているわけですからね。親父は僕が店を継いでくれたら嬉しいとは思っていたみたいですが、強くは勧めなかった。長時間労働で体力がいるし、菓子職人は我の強い人が多く、衛生面なども含めてあらゆることに気を遣う。跡を継げば苦労することがわかっていたからでしょう。

そんな親の心配をよそに、僕は「親父の跡を継げば、確実に社長になれてラクだな」なんて、楽観的に考えていました。

そんな軽い感じで菓子職人になろうと決めて、僕はまず親父に「専門学校に行きたい」といいました。初めからいきなり厳しい現場で働くより、友達とワイワイやりながらお菓子づくりを勉強した方が楽しいだろうと考えたからです。

すると、親父は即座に「学校に行くとお金を払わなくちゃいけないけど、現場で働けばお菓子づくりを覚えながらお金がもらえるんだぞ。どっちがいい？」といったんです。僕は単純に「それは、お金をもらえた方がいいよなぁ」と思った(笑)。

それで、親父に「ホテルと町場のお菓子屋と、どっちで働いたらいいかな」と聞いたら、「ホテルに行ってみたらどうだ」といったんです。「ホテルには優秀な職人がいるし、上質な食材も使っている。一度はホテルを経験した方がいい」と。ずっと町場の店で働いている父にとって、東京の一流ホテルは一つの憧れだったんでしょう。その気持ちを息子に託したいという瞬間をそのとき感じ取ったので、僕はホテルで働くことに決めたのです。

一生懸命にお菓子をつくる
両親の背中を見て育った。

川村シェフ小学１年生。弟と旅行先で。

つらかったホテルの修行時代。でも「辞めたい」とは思わなかった。

僕の修行先は東京プリンスホテルで、全国に数あるプリンスホテルの中でも、ひときわ優秀な職人たちが集まっている職場でした。入社した当時は景気のいいバブルの時代で、同期入社は18人いました。

ただ、とにかく従業員がたくさんいすぎて、新入社員の僕らには仕事がないんですよ。せいぜい、バンジュウを洗うぐらいです。上司も先輩も寡黙な人が多いから、「何か仕事はありませんか？」と聞いても、「邪魔だからあっちへ行ってろ」という感じ。やはり、上下関係が非常に厳しい職場でした。それでも、要領がよくてハキハキしている同期入社の人間は、先輩に「宴会の準備を一緒にやるか」などといわれて、よく引っ張られていました。それに引きかえ僕は、あんまり先輩から声をかけられるタイプじゃなかったんですよね。何しろ、朝寝坊してよく遅刻をするし、先輩から言われたこともすぐに忘れる（笑）。先輩が仕事を頼まなくなるのも当然ですよね。

入社1年目のある日、今でも忘れることのできないつらい出来事がありました。二千名もの人が集まるすごく重要な宴会が入っていて、その日の朝礼で上司から「今日は忙しい。全員で仕事をするぞ！」と話しがありました。各自の仕事分担を書いた紙が張り出されて、自分の名前を探したんですが、どこにもない。みんな各自の持ち場に行ってしまい、そこには僕ひとりがぽつんと残されたんです。そのとき「僕はいらない人間なのかな」と思って、すごくせつなかった。

そのまま裏へ行って、一人でいろいろ考えました。確かにせつなかったけれど、僕はそこで「辞めたい」とは思わなかった。もともと負けん気が強い性格だったから悔しくて、「いつか見返してやる」と、何かフツフツと沸いてくるものがありました。新潟から出てきて、両親は僕に期待をしている。弟も「兄貴は東京で頑張っている」と思っている。そういう、家族の期待を裏切ることはしたくなかったし、もしここで辞めてしまったら、その先どんどん自分が落ちていくように感じた。僕はそのとき「この職場で認めてもらいたい。この職場で階段を昇っていかないと、自分の将来が見えない」と思ったんです。

その当時は、いま思い出してもつらい毎日でしたね。スーシェフからは口も利いてもらえなかったし、新潟から一人で上京してきたので、まわりには友達もいない。寮生活だったから、仕事して寮に帰ってまた次の日は仕事、そのくり返しです。職場ではケンカもしょっちゅうおこり、僕も先輩と殴り合ったことがありました。

でも、あの名前がなかった日の悔しい気持ちをバネに、とにかく毎日頑張って、ミスはするけど一生懸命やっていると、そのうち先輩からからかわれたりして、可愛がられるようになってきたんです。同期入社の人は、仕事内容と上下関係の厳しさからどんどん辞めていっていたけど、僕は怒られても言われたことは諦めずにやるタイプだったからかもしれません。仕事を与えてくれたりケーキ屋に連れて行ってくれたりして、徐々に先輩から声をかけてもらえるようになりました。

入社して3年目ぐらいの頃、新潟にいる親父から「体調を崩したので店を閉めることにした」との連絡が入り、そのとき「新潟に帰って店を継がないか」といわれました。でも、僕はやっと仕事が楽しくなってきて、いろんなことに興味が出てきたときだった。だから「いま新潟に戻って店を継いでも、今の自分には何もできない。僕も悲しいけれど、店はたたんでくれ」と父に告げたのです。

僕の仕事に対する意識は、上京してきた当時とは明らかに変わっていました。「ここにいる優秀な職人たちに認められたい、もっと技術を伸ばしたい」と。僕の目標は、実家の店を継ぐことではなく、ホテルのシェフになることに変わっていたのです。だから、この頃は勤務が終わってみんなが帰ってしまった後も、職場に残って必死に絞りなどの練習をしていました。もっとうまくなりたい、もっと腕を磨きたい、その一心です。そして、そういう場面を上司の人たちはちゃんと見ていてくれたんですよね。「みんな帰っているのに、あいつは残ってやっている」と。僕自身、仕事がどんどん楽しくなってきた時期です。

コンクールが自分を成長させてくれた。

僕はホテル時代に、様々なコンクールに出場させてもらいました。上下関係の厳しいホテルの世界にいて、コンクールだけは唯一、自分の好きな作品がつくれる舞台です。僕は技術を磨いて結果を出したかったし、常に何か目標を持っていたかったから。コンクールへの挑戦は、自分を成長させてくれたと思っています。

細工菓子を始めたのは、入社して4年目ぐらいのときです。僕はもともと器用な方じゃなかったので、なかなか思うようにできなくて、毎日くり返しくり返し、地道に練習していました。ある日、ずっと練習していた飴細工の白いバラを、当時の上司だった渡辺義雄チーフと後藤順一さん（現・グランドハイアット東京）が「なかなかいい出来だよ」と褒めてくれて、初めて宴会用の大きなケーキに飾ってくれたんです。そのときは嬉しかったですね。職人として一生懸命やっていれば、誰かが見ていてくれて、認めてくれるんだと実感しました。

それがきっかけでコンクールに出るようになり、結果を出すたびに様々な仕事が与えられるようになりました。上司が「大事なパーティーのケーキは川村に任せなさい」とまでいってくれるようになり、後藤さんの下に就いて技術を学びながら、有名人のウエディングケーキや大企業の社長のバースディケーキなど、バブル期ならではの豪華なケーキをよくつくらせてもらいました。

一方で、コンクールでは苦い経験もしました。23歳のときにクープドフランスの日本予選で優勝し、「世界で認められたい」と意気込んで出場した、初めての世界大会でのこと。会場でのアクシデントで、一生懸命につくった作品が壊れてしまったのです。結果は10位でした。でも、たとえ壊れずに出品できたとしても、きっと入賞はできなかった。海外で初めて見た作品は、どれもハイレベルだったからです。そのとき、世界の人たちに認められるような、アーティスティックな部分も作品の中になければいけないんだと感じ、「日本に帰ってからもっと勉強しなくちゃ」と改めて思いました。

それからは、細工菓子の技術だけでなく、感性を磨く努力もしはじめました。植物の写真集や建築の本を見たり、楽器屋さんへいって実際に楽器の形を見てみたり。今までは道端にきれいな花が咲いていても通り過ぎていたのが、立ち止まって見るようにもなりました。人を驚かせたり感動させたりするには、感性も身につけなければいけないんです。

世界大会で鼻っ柱を折られてよかったんですね。また2年後の大会に向けて、大きな目標ができましたから。だから、2年後に再びチャレンジして、25歳で日本人として初めて世界大会で総合優勝できたときは、本当に嬉しかったですね。

フランスで出会った、理想のシェフ。

29歳のときに1年間ホテルを休職して、フランスで修行をしました。それも、一つのコンクールがきっかけでした。

ジャンマリーシブナレーというショコラのフランス大会に出場したときのこと。僕の作品にルールを少し逸脱した部分があって失格になってしまい、ショックで僕はその場に立ちすくんでいました。そのとき、クープドフランスのときにもお世話になったジャン・フランソワ・ランジュバンとブルーノ・パストレリという二人のMOFパティシエのシェフが、僕の作品を見て、落胆している僕に「ぜひフランスに来なさい」と誘ってくれたのです。

それで紹介されたのが、フランス・ブルターニュにある4つ星のホテルです。これは一つのチャンスだと思いました。今までホテルで10年間働いてきて、その頃にはバブルも崩壊し、このままこの職場で続けていても先が見えない状態だった。だから、今まで勉強したことを一度白紙に戻して、自分がこの先どう歩んでいったらいいのかを探すため、フランスへ行く決意をしたのです。

修行先は、フランス北西部の観光地として名高いサン・マロにある、『グランドホテル・テルメスマリーン』という4つ星ホテルです。ここで、僕の仕事に対する考え方が一気に変わりました。一番刺激になったのは、シェフ・パティシエのパスカル・ポーションの仕事ぶりです。日本のホテルとは違って、シェフが若いスタッフたちとバリバリ働いていて、とにかくバイタリティーがある。僕はシェフ・パスカルに、理想のシェフ像を見たような気がしました。それまでは、一流ホテルのシェフになって高い帽子を被ってきれいなユニホームを着て……という姿に憧れてきたんですが、「パスカルのように、シェフとして若いスタッフたちと一緒になってお菓子をつくっていきたい」と考えるようになりました。格好よりも、バリバリ働く姿の方が、僕の目には魅力的に映ったのです。

お菓子に対する価値観も変わりました。ブルターニュはとても寒い土地なので、塩気が強いものやねっとりとした味の濃いお菓子が多く、最初に食べたときはびっくりしました。でも、少しするとまた食べたくなる。それが、「ブルターニュのお菓子はおいしい！」と思った瞬間でした。

今まではコンクールに挑戦していたこともあって、「お菓子は見た目重視」のようなところがあったんですが、フランスに行って味を追求するようになりました。「おいしくするために見た目があるのだ」と。コンクールへの出場は自分を成長させるという点ですごくためになりましたが、コンクールのお菓子は誰が喜ぶわけではなく、自己満足的なところがあるのも確かです。そんなことを考えているうちに、このまま日本のホテルに居続けて満足するのではなく、なにか新しいことにチャレンジしてみたいという気持ちが徐々に湧いてきました。

フランスで過ごした1年間で、僕のその先の人生の基盤ができたといっても過言ではありません。もちろん、日本のホテルで学んだことは、僕の原点です。渡辺チーフが下の人間の仕事ぶりをよく見て、上の人たちが愛情を持って育ててくれたからこそ、自分はいろんなことに挑戦できたと感謝しています。その時期を経て、チャンスを掴んで行ったブルターニュでは、お菓子に対する価値観や理想のシェフ像が見えてきました。シェフは常に挑戦し、勉強していかなくてはいけないということを、シェフ・パスカルから学びました。

そして、自分が働きたい場所は、ホテルから町場のパティスリーへと変わっていきました。店を持てば自分のやりたいことができるし、そこに嘘や偽りはない。自分だけの世界で、今までやってきたお菓子を出したいと思ったのです。

クープドフランスで
総合優勝を果たし、
自分に自信がついた。

1997 年、第 16 回クープドフランス世界大会 総合優勝。

流行は追わない。常に、自分らしいお菓子をつくる。

1年間のフランス修行を終えて帰国し、縁があって30歳のときに『アテスウェイ』のシェフ・パティシエとして新たなスタートを切りました。

商品のコンセプトは、ブルターニュで学んだ伝統菓子と自分のオリジナリティの融合です。「ブルターニュのお菓子をそのまま日本に持ってきて受け入れられるか?」という不安は、まったくありませんでした。自分がおいしいと感じたものは、そのまま素直に表現したかった。その一方で、自分で少し変化を加えたお菓子もあります。たとえば、ガレットブルトンヌは、ゲランドの粗塩をそのまま入れてみました。甘味の後に粗塩のガリッとした食感が来て、その後にしょっぱさがふわっと来る感じを、自分なりに表現しました。塩スイーツは今でこそ人気ですが、当時はめずらしいものでした。

２００1年11月に店はオープンしましたが、当初は思っていた以上に苦戦しましたね。僕の名前なんて世に知られていないし、宣伝らしいこともせずにオープンしたので、売り上げは日を追うごとに落ちる一方。あるとき、お客様がぽつりというんです。「この近辺には老舗のケーキ屋さんがいくつもあるのに、あなたたち大丈夫？」って、キツイですよね（笑）。そういわれても、僕自身、これまで町のパティスリーを経験したことがないので、お客様を呼ぶためにどう攻めていいのかわからなかったんです。お菓子屋は人に喜んでもらわなければダメで、どうしたら喜んでもらえるのかがわからなくて悩みました。

でもいま思うと、最初からお客様があまり来なくてよかったんです。オープンしたての頃は店のオペレーションがきちんとできていないし、そのとき最大限いいお菓子をつくったつもりでも、やはりまだ質も安定していない。お客様が来ない中で、少しずついいものをつくろうという気持ちで、試行錯誤しながらじっくりとお菓子づくりに取り組むしかなかった。それが結果的にはよかったんです。前向きな気持ちがお菓子に反映されて、店のオペレーションも商品の質も、徐々に向上していきました。

そうして、翌年2月のバレンタインデー頃からは、少しずつ売り上げが伸びてきました。いろんなメディアにも取り上げてもらい、お店のイメージと場所の告知がされてきて、新規のお客様がぐんと増えました。2年目の売り上げは、前年の200%増。うちの店は最寄り駅から遠くて、決していい立地ではなかったけれど、いろんな人が紹介してくれたことと、塩を使った個性的なお菓子が差別化されたイメージとなって、広まっていったのだと思います。

僕が今でもお菓子づくりで一番大切にしていることは、自分らしいお菓子をつくることです。流行のお菓子を取り入れようとは、まったく考えていません。父が一生懸命お菓子をつくっている姿を見て育ったので、おいしいものをつくることへの真剣さだけは人一倍あるつもりです。「自分のやりたいお菓子で、おいしいものをつくろう」という、その思いだけです。

自分だけの個性溢れるお菓子を生み出すことは、大変な作業です。おいしくするにはどうしたらいいか、デザイン的なことも含めてトータルで考えるわけですから。でも、大変な作業だからこそ、自分で考えたお菓子に対して愛情が生まれる。このお菓子をもっとおいしくしようと、努力を惜しまなくなるのです。プロのパティシエは、もっとおいしくしたいという気持ちをずっと持ち続けなければいけないと思います。

シェフになっても攻め続けること。

オープンから5年後の35歳のとき、店の権利を金銭で譲り受けてオーナーシェフになりました。でも、35歳でオーナーになることは目標の一つだったので、自分にとっては大変意味のあることでした。

オーナーになる目標は達成したけれど、そんな中でも常に攻め続けていたい、職人として次の目標を持たなければと思ったとき、コンクールに出ていた若い頃の記憶が甦りました。寝る時間も惜しんで作品をつくって、大変だったけど充実していて楽しかった日々。それで、WPTC（ワールド・ペストリー・チーム・チャンピオンシップ）への挑戦を考え始めました。

背負うものがない若い頃とは状況が違うので、出場を決めるまでにはすごく悩みました。僕を信頼して若いスタッフがたくさんついてきてくれている。その中で、いまホテルにいる若い子たちにもし仮に負けたら悔しいし、お客様からの信用を落とすことにもなりかねない。飴細工はクープドフランス以来10年近くもやっていないのに、毎日やっている若い子たちに自分は果たして勝てるのか？　そういったことも含めて、すごく不安でした。

そこで、ホテル時代の上司・後藤さんと、クープドフランスでお世話になったブルーノシェフの、二人の恩師に相談してみたんです。すると、二人とも「やりたかったらやるべきだよ」と、同じことをいってくれました。ブルーノシェフはフランスから手紙をくれて、「君はまだ若いんだから挑戦しなさい。前に進め、後ろは振り返るな」と、後押ししてくれた。そうした二人の力強い言葉をもらって、「よしやろう！」と決めたのです。結果は日本予選で優勝し、日本代表のキャプテンとして本大会に出場して、準優勝を獲得しました。若い頃の受賞とはまた違った嬉しさがあり、挑戦して本当によかったと思いました。

恩師は僕にとって大きな財産。

オープンから7年が経ち、店のトップとして今までいろんなスタッフを見てきましたが、人の性格というのは短い期間一緒に働いただけでは、なかなかわかりません。これは僕の考えですが、短い期間で辞めていく人は、僕はあまり信用しないですね。スタッフ一人ひとりの性格は、1年やそこらではわからない。やはり3~4年は一緒に働かないとわからないんです。そうして人間関係が形成されて、そこを経てお互いへの信頼も生まれてくるんです。

自分がこれまで歩んできた道のりを振り返ってみて、僕は同じ職場で長く働き続けた方がいいと思うのです。ホテル時代に同期入社した人のほとんどは、早い時期に辞めてしまったり別の道にいってしまったりしたけど、僕は一つの仕事にずっと携わって、職場も変えずに同じところで頑張って、そこで認められたからここまでこられたのかなぁと思う。もし、1～2年で辞めてしまっていたら、きっと今の自分はなかった。

そうして続けてきたから、信頼できる人たちにも出会えたんですよね。新潟から出てきたときはたった一人だったけど、仕事を続けていくうち様々な人と出会って人間関係が築けたし、恩師もできた。普段からしょっちゅう会っていなくたって、そういう人たちは困ったときには相談に乗ってくれるんですよ。僕がオーナーになってからコンクールに出ようか迷ったときも、恩師はものすごい勇気や力を与えてくれた。いろんな局面で迷ったり悩んだりしたとき、お世話になった人や自分をよく知ってくれている人は、的確な答えをくれると思うんです。

恩師と思える上司や先輩は、自分の財産だと思っています。そういう人たちがいたからこそ、今の自分がある。だから僕は、一つの職場でじっくり働いて、技術や人間関係を築いていった方が絶対にいいと思います。

パティシエを目指す若い人たちに伝えたいのは、つらいことがあるからこそ、楽しいこともあるということです。つらいことは、どの仕事にもある。つらい時期を乗り越えずして、楽しい時期などこないんです。

僕自身も、ホテルに入った最初の3年間は、誰も相手にしてくれないときもあってつらかった。でも、そこで辞めようとか他の店に行こうと思ったことはなかった。むしろ、そこで認めてもらいたいと思った。辞めようと思えばいつだって辞められるけど、そこで、前向きになって続けることが大事なんです。

続けてひたむきにやっていると、上司は必ずその姿を見ています。みんなの一番上に立つ人で、苦労してない人なんていないですよ。上司自身も苦労しているから、頑張っている人は必ず見ていてくれるものです。

辞めずに頑張っていればやがて仕事が楽しくなってくるし、常に前向きにやっている人は上の人が見ていてくれて、そのうち必ずチャンスが訪れます。それを掴めるかどうかは、自分にかかっている。チャンスが来たときにそれを掴めるよう、力をつけておくことです。努力すれば夢は叶うし、必ず実ります。

若いうちはなかなか気づかないんですが、仕事というものは続けないと本当の楽しさはわからない。自分の夢に早く近づきたいという若い人はいっぱいいるけど、焦らず地道にやり続けている方が、早く夢にたどり着いたりするものです。つらくてもぜひ続けて、お菓子づくりの楽しさを見出して欲しいですね。

à tes souhaits!
アテスウェイ
住所／東京都武蔵野市吉祥寺東町3－3－8　カサ吉祥寺Ⅱ
電話／0422－29－0888
営業時間／11：00～19：00
定休日／月曜日（祝日の場合は翌火曜日）
http://www.aressouhaits.co.jp

ロートンヌ

神田広達

かんだ　こうたつ

1972年東京都生まれ。高校卒業後、「ら・利す帆ん」（東京・大泉学園）にて6年間修業を積む。その後、コンクールのため渡仏。ジャンマリーシブナレル杯ショコラ部門をはじめ、パリなどで開催されたコンクールでも入賞を果たす。帰国後、実家が経営する「ロートンヌ」を引き継ぎ、98年よりオーナーシェフを務める。

「最初の〝うれしさ〟を忘れずに想いのあるお菓子を作りたい。」

和菓子屋に生まれ、菓子職人として仕事に打ち込む親の背中を見ながら育った神田広達さん。ロックバンドに明け暮れた学生時代から、一転して洋菓子店での修業の道に飛び込んだ。子供の頃から、神田さんのアイデンティティとなっているのは、好きなものにとことんのめり込む情熱と、それを実現していく推進力である。「いつも初心の気持ちを忘れずに、お客様を喜ばせるお菓子を作り続けたい」。お菓子を愛するストレートな想いは、店を訪れる人の心を引き付けている。

僕は、和菓子屋の三男坊として生まれました。店の屋号は「紅谷（べにや）」。自宅と和菓子の製造工場が隣接していたので、子供のころから朝6時半くらいになると餅つき機のドン、ドンという振動で目が覚める、というのが日課でした。〝お菓子〟というものが生活の中に自然に存在していましたから、食べることは好きでしたが、強い関心は湧かなかったように記憶しています。

ただ、両親を見ていると「好きなことに打ち込んでいるんだな」ということは子供心にもよくわかりましたね。

兄弟そろって、仕事を手伝ったりする機会もありました。たとえば5月の柏餅の時期になると、朝の4時くらいにはもう仕事が始まるんです。眠い目をこすりながら、水に浸してある塩漬けの葉っぱを餅に巻く作業を手伝ったことを覚えています。普通の家庭のように、家族そろって食卓を囲んだり一緒に外出をしたりという経験は少なかったですが、「親が頑張って仕事をしているからこそ、今の自分の生活があるんだ」というような感謝の気持ちを持つことができました。そういう意味では、自立心も培われたんでしょうね。

和菓子よりお洒落なケーキ屋になりたい

「ケーキ屋さんになりたい」と、初めて思ったのは小学校5年生のときです。小学校の卒業アルバムにも「ケーキ屋になりたい」と書いたくらいですから、その時は結構強い決意だったんでしょうね。

その当時は、時代の流れでしょうか、実家の和菓子屋でもモンブランとかガトーショコラ、イチゴショートといった洋菓子も、和菓子と一緒に作って販売をしていました。ちょうど「いちご大福」のような和洋折衷スタイルが大流行して、和菓子屋でもケーキや洋風のお菓子を売るのが流行った頃です。

うちで売っているケーキを食べて「美味しい」と感じたことが、まず興味を持った第一のきっかけですね。お店で喜んで商品を買っていくお客様の顔を見ながら、「こんな風に喜んでもらえるケーキが作れたらいいな」とも思いました。

もうひとつ、ケーキ屋さんがきれいでスマートなイメージだった、というのも大きいかな（笑）。売り場はともかく、僕はいつも製造の現場を見ていましたから、なおさらそう思ったのかも知れないですね。

実家が和菓子屋で、小学生のときにケーキ屋になろうと決心して……というと、それからの道のりもすごく順風満帆な印象を持たれるだろうと思います。でも、実はそうでもないんですよ。

小学校6年生のときに、ロックバンドの「ラウドネス」のレコードを初めて聴いて感動したんです。親に頼み込んでライブに連れて行ってもらって。もう、それでノックアウトですよ。ケーキのことなんて、すっかり忘れちゃった（笑）。それから、高校卒業まではロック一色の生活です。「ケーキ屋になりたい」の代わりに「プロのロックバンドをやりたい」というのが将来の夢になったわけです。

今から考えると、勉強でも趣味でも「自分が好きで興味があることには、とことんのめり込む」という性格は、いい意味で変わっていないのでしょうね。その場で感じた感動をそのまま表現するということも。ある意味極端でしたが、こういう職業には向いていたような気がします。

そんな感じでしたから、高校を卒業するときは進路でかなり悩みました。バンド活動は続けていきたいけれど、お金がないから苦しい。では、お金を稼ぐための手段は何があるだろう……。そう考えたときに、頭の中に再び「ケーキ屋」という選択肢がピンと浮かび上がってきたわけです。

高校を卒業して就職したのは、大泉学園（東京都練馬区）にある「ら・利す帆ん」。洋菓子店の中では老舗の有名店でした。

最初は冷めていた、というか自分のその時の目標は「プロのロックバンドをやること」ですから、ケーキの修業は単なる手段みたいな感覚だったんでしょうね。就職して初日から、早くも寝坊で遅刻してしまいました。自分でも、よくそんなたるんだ行動ができたものだと思いますね。1日目に遅刻して、「さあ、次からはちゃんと行かなきゃ」と思っていながらも、なんと3日連続で遅刻してしまったんです。そこまでいくと、親方や先輩も呆れますよね。そこで、心を入れ替えたいという意味もあって、住み込みで仕事をすることに決めました。

夢はケーキ屋からロックバンドへ…

「ケーキ屋になりたい」と憧れた時代から一転、ハードロックに明け暮れた学生時代。一度「これがやりたい」と思ったら、とことんのめり込む性格は、今も変わらない。

ケーキからバンド。そして再びケーキに

結果的にそれからの6年間は、パティシエとしても、ひとりの人間としても大きな成長ができた期間だったと思います。

「ら・利す帆ん」のシェフは中村俊雄さんという方で、パティシエになって最初の親方でした。私は、実家が和菓子屋だったからといってお菓子の専門学校を出ているわけでもありませんし、まったくの素人。何の知識、技術もありませんから、本当に基本的な部分から丁寧に教えていただきましたね。

そこで「しっかりと言われたことはこなす」という姿勢で、ひとつひとつの仕事を覚えていったことは、今でも大いに役立っています。

今の若いパティシエ達は、どうしても基本を深く学ばずに進んでいく傾向がありますよね。たとえばクッキーひとつをとっても、元々は成型機なんてないので手でこねて成型していくのが基本的な作り方です。

しかし、今のパティスリーには最初から成型機が入っているケースが多いですから、基本のやり方を経験しないままベテランになってしまう。仕事を効率化するための色々な機器が増えて、作業が楽になった分、ベーシックな部分をしっかりと学ぶ時間は減ってしまったように思います。

仕事を効率的にこなしたり、新しいものや手法を作り出していく場合、そこには基本や伝統を知っておくことが不可欠です。若手のパティシエに、これから伝統や基本をどのように伝えていくかは、僕たちのような立場の人間が考えていかなければいけないな、と改めて感じますね。

〝やればできる〟の想いが転機に

「ら・利す帆ん」では、色々な先輩にもお世話になりました。中でも、私がもっとも影響を受けた先輩が、辻口博啓さん（現・「モンサンクレール」オーナーシェフ）と安食雄二さん（元・「デフェール」シェフパティシエ）のふたりです。ふたり共、今では〝カリスマパティシエ〟の名を欲しいままにしている有名人ですから、改めて考えても「すごい人たちと一緒に仕事をさせてもらったのだな」と感動しますね。まさにラッキーでした。

その当時は、3人とも住み込みで仕事をしていましたから、仕事場もプライベートも一緒。パティシエとしての技術はもちろん、人間としての在り方とか方向性とか、色々なことを学んだのです。

第一の転機になったのは、辻口さんから洋菓子コンクールで優勝した作品を見せてもらったことですね。最初は、「すごいなぁ。才能がある人なんだなぁ」という感嘆の気持ち。羨ましさですよね。ただ、どこか人ごとで自分にはそんなことできるわけがないと半ば諦めていました。

それが少しずつ変わってきたのは、実際に辻口さんが作品を作るところを見せてもらったからです。美しく完成された作品からだけでは、感じることのできない〝ものを生み出すことへの想い〟や苦しさ、悩みといった感情を間近で受け取ることができた。人の手が作り出す「もの」の感動があふれていたんです。

「自分もこんな風に作品を生み出し、色々な人に見てもらいたい。そして感動の輪を広げていきたい」――。

そこから、僕のお菓子作りに対する姿勢は180度変わったのです。

今までは、「自分とは関係がない」と思っていたコンクールにも、積極的に挑戦するようになりました。見習い状態で仕事も忙しかったのですが、住み込みですから仕事が終わった後に厨房を使って練習したり、ということもできましたし、とにかく見よう見まねで自分なりの作品を作ってみようと思ったわけです。

そこで感じたのは〝やればできる〟ということ。頑張れば技術が向上するという単純なことだけでなく、自分の「想い」や「情熱」を持って取り組めば、必ず結果を出すことができる、ということなのです。

辻口さんは、僕と同じようにご実家が和菓子屋さん。しかも屋号が「紅屋」と同じ。そんなところでも親近感を感じていましたし、「この人の姿勢を見習いたい」という憧れの存在だったんです。

彼は〝天才〟といわれますが、僕は決してそうではないと思う。むしろ、大変な努力家です。同じ場所で仕事をしていて、色々なことを見せてもらいましたが、それを絶対に真似できない。今でこそ、同じシェフという立場で相談してくれたりもしますが、僕にとっては超えられない師匠の一人といえるでしょう。

何事も「考えながら」習得する

一方、安食雄二さんは辻口さんとはまったく違うタイプの個性がある方でしたね。自分にも人にも厳しい目を持っていらっしゃる方で、パティシエとしては、かなりの優等生だったと思います。安食さんには、洋菓子における伝統的な知識や仕事についてしっかりと教わりました。僕の場合は、何も知識がないところから入っていますから、こういったことを細かく、厳しく教えてくれる先輩が近くにいてくださったことは、本当に恵まれていたんだなあと思います。たとえば、バターの切り方ひとつをとっても、安食さんにはすごくこだわりがあるわけですよ。均等に何ミリ角に切るとか。

何も知らない人が聞くと、単に「几帳面で細かい」と思われてしまうかもしれませんが、その大きさで均等に切ることによって、バターと粉類とを合わせたときに早く均一に混ざるとか、手早く合わせることで焼き上がりもよくなるとか、お菓子を美味しく仕上げるための〝理由〟が、そこにはあるわけです。

辻口さんにしても、安食さんにしても、僕にとっては素晴らしい先輩たちでした。色々なことを習得させてもらいましたが、そこで自分なりに大切にしていたことがあります。それは、どんなことも「考えながら」習得するということ。

たとえば先ほどのバターの話でも、理由が分からずにただ安食さんの真似をしていただけでは、本当に自分のものとして取り込むことはできない。どんな技術でも「それをすること」の理由を知ろうとしなければ上達はしないと思います。

ですから、僕は現場で何でも「教えてください」というよりも、自分の目で見て覚えたものを自分なりの形に落とし込んでから、先輩やシェフにアドバイスをもらう、というスタイルをとっていました。

与えられたものをそのまま受け取るのではなく、ひとつひとつを自分の中で咀嚼して習得することで、技術が実になっていく。そう実感しました。

「多様性」はお菓子作りのキーワード

修業時代から色々な洋菓子コンクールに出場するようになって、得たものがたくさんあります。もちろん、日々の仕事をしっかりとやっていく中で、自分の新しい発想、感性を磨いていく大変さ、辛さもありました。しかし、好きなことをやっていたのでまったく苦にはなりませんでした。大変でも和菓子屋を続けていた両親の気持ちが、理解できた気がしましたね。

その中で、今のお菓子作りにおいてもキーワードとなっているのは、「多様性」です。これは、素材や物の見方などを含めて、物事全体に当てはまることです。

コンクールにおいては、テーマに沿って作品を作ります。たとえば「花」というテーマの場合、それぞれの感性によって見方や感じ方は違います。たとえば、いつもAという方向から見ていたとしたら、その見方を変えることで、B・C・Dというように様々なイメージが湧き上がってくるわけです。

一般的なものでも、人と同じような見方をするか、発想を変えて別の方向から見ようと思うかで、感動の度合いはまったく違ってきます。日常的なありふれた素材であったとしても、あえて色々な方面から見たり、その中にある多様性を認識しようとすることで、新鮮さが生まれる。新しいお菓子の発想も、そんなところからひょっこりと出てくるのではないかと思います。

「ら・利す帆ん」で6年間を過ごした後は、コンクールに出場するためにフランスを訪れたり、フランスで短期間の修業もしました。洋菓子の本場であるフランスに行くことで、様々な影響を受ける方も多いと思いますが、僕の場合は日本での経験の方が大きな位置を占めていますね。

フランスで一番印象に残ったのは、パティスリーでのお菓子のディスプレイです。それが日本とはまったく違う部分だった。色使いの美しさや大胆さ、ダイナミックなデザイン、人目を引くプレゼンテーション……。すべてが新鮮で驚きの連続でした。まさに、国民性の違いを目の当たりにした感じ。ただ、残念ながら「もう一度食べたい」と思うお菓子は、数少なかったように思います。

日本に帰国して、両親から引き継いだ場所で「ロートンヌ」を開業したとき、最初は「フランスでの経験を生かしてお菓子を提供してみよう」と考えたんです。向こうの作り方はこうだったから、それを踏襲して……と、いわゆるオーソドックスなフランス菓子を作っていたのですが、どうもピンとこない。

そのうち、「自分が本当に美味しいと思って、このお菓子を提供しているのか」と自問自答してみたわけです。それでハッと気がつきました。

僕は「明日死ぬ」と分かったら、どんなものが食べたいだろうか。たとえば、パンならば何を選ぶだろうと。

日本人が親しみやすいお菓子を作りたい

そう考えたら、迷わず柔らかいコロッケパンや焼きそばパンです（笑）。決して皮がバリバリしたフランスパンや、全粒粉の固いパンのサンドウィッチではない。ケーキだったら、絶対にイチゴショートやシュークリームでしょう。

無理せず素直に「美味しい」と思えるものを作ることが、結局お客様にとっても一番なのではないか。そう思ったら、すごく気持ちがクリアになったのです。

ですから、うちの店では日本人の食生活にスッと馴染むお菓子を提供するように心がけています。ふんわりとソフトな食感や甘すぎず優しい味わい、ショートケーキやモンブラン、シュークリームなど、日本人が昔から慣れ親しんだ分かりやすい美味しさは、ホッとする安心感がありますよね。

もちろん、パティスリーには色々なお菓子があることも楽しさのひとつ。新しいお菓子やちょっと冒険心がある、いわゆる〝マニア受け〟のお菓子に挑戦することも大切ですが、ベースは〝日本発〟。その基本こそが、「ロートンヌ」のアイデンティティだと思っているのです。

お菓子の名前に関しても、同じことがいえますね。私にとっては、子供の名前をつけるのと感覚的には似ています。

名前がすんなり言えないような難しいフランス語であったり、音を聞いてすぐに書けないようなものも、個人的には苦手です。お菓子の名前と見た目がスッとリンクして、なおかつ説得力があって覚えやすいのが理想。

たとえば、うちの店の定番商品に「ぎりぎり」というケーキがあります。円錐形をしたマロンとカシスのムースで、比較的オーソドックスな味なのですが、なぜこの名前かというと、テイクアウトのボックスにケーキの先がギリギリ収まるから（笑）。そんな単純な理由です。シンプルなロールケーキに、自分の息子の名前をとって「たっちゃんのおやつ」とつけたことも。味とともに、「名前も一度聞いたら忘れない」と、お客様にはよくいわれます。

お客様の反応をダイレクトに感じたい

「修業のあと、すぐにオーナーパティシエとしてスタートしたのはなぜですか」と聞かれることがあります。ひとつのお店で修業を積んで、フランスに渡って本場のお菓子作りに触れ……という過程を経たとき、その後の選択は人それぞれだと思います。もちろん、ホテルをはじめ大きな会社で仕事をすることも選択肢のひとつでしょう。でも私の場合、ホテルはまさに〝別世界〟でした。

子供のころから、自宅でお菓子を作ってお客様に買ってもらう、ということを当たり前に見ていたせいか、お菓子を買っていくお客様の反応がダイレクトに伝わることが自分が店を経営するときの大前提だったのです。

お店の中でも、お客様と直接お話しをする機会がありますし、地元ですから店の外でも色々なお客様にお会いすることがあります。

先日、仕事の途中で車に乗っていたとき、うちの店の紙袋を大事そうに持って歩いていらっしゃるお客様を見かけたんです。いつも通り「いつもありがとうございます！」と車内でつぶやきました。

僕は、そういうことを大切にしたい。その様子を見ていたうちのスタッフが「すごく感動しました」といってくれたんです。それが、さらに嬉しかった。自分が「こんなお店にしたい」と考えている理想を、スタッフが共有してくれたということですからね。

店は、パティシエの技術だけで支えられているのではなく、作る人、売り場にいる人などすべてのスタッフのチームワークで成り立っているのだな、ということを改めて感じた出来事でした。

だから「いつも楽しいチームでありたい」というのも、僕のモットーなのです。仕事も一生懸命取り組みますが、そのほかにも「みんなで何か楽しいことをやろう」といつも考えているんです。食事会でもいいし、レクリエーションでもいい。両方に一生懸命になることで、ストレス解消にもなりますしね。お菓子を作る側が幸せでなければ、食べたお客様も幸せな気分になれないですから。

大先輩の影響を受けた修業時代

修業時代に大きな影響を受けたのが、辻口博啓さんと安食雄二さん。タイプこそ違うが、ふたりの大先輩との出会いが、神田さんのパティシエ人生の転機となったのである。

実は、こういった考えも、子供のころに両親が和菓子屋を一生懸命経営しているところを見ていたことがきっかけになっています。その頃は、毎日忙しくて従業員が遊んでいる暇もなかったのでしょうが、どこか「大変そう」、「無理している様子」が見て取れたのでしょうね。

色々な人への感謝を忘れずにいたい

近くに住んでいらっしゃるお客様の中には、毎日のようにお店に顔を見せてくださる方もいらっしゃいますし、遠くから「ロートンヌのお菓子が食べたい」と、わざわざ足を延ばして買いにきてくださるお客様もいらっしゃいます。

そんなお客様たちが、お菓子を選ぶ時の嬉しそうな表情を見ていると「初心を忘れてはいけないな」と、強く感じます。

それは、自分がパティシエになって一生懸命作ったケーキがショーケースに並べられ、それをお客様が買ってくださったときの嬉しい気持ち。そして、右も左もわからなかった自分を、ここまで引き上げてくれた師匠や先輩たちへの感謝の気持ち。コンクールに挑戦して、思うように作品が作れなくて悩み続け、ついに納得のいく作品が作れたときの達成感――。

パティシエとしての十数年の歴史の中には、数え上げればキリがないくらい色々な想いがあります。そんな想いを忘れずに、謙虚な気持ちを持ち続けていくということは、ひとりの人間としても大切なことではないでしょうか?

恋愛にも似ている気がしますね。最初の感動や純粋な気持ちが薄れると、ついついわがままが出てしまう(笑)。お菓子も、初心を忘れると、お客様の目線を考えない傲慢なものができてしまいます。

パティシエとしての技術は、しっかりと努力を重ねれば、ある程度のレベルまでは達すると僕は思います。しかし、人としての在り方やお菓子に対する〝想い〟の部分は、歳を重ねたからといって出てくるものではありません。

高い技術力を駆使し、最高の素材を使って作られた流行最先端のお菓子でも、作り手が「お客様にこんな風に食べてほしい」、「こんな風に喜んでほしい」と考えていなかったら、その美味しさは本当に心を打つものにはならないでしょう。

逆に、素朴なお菓子でも、長い間お客様の心をつかんで離さないものもある。作り手の想いが伝わるか、そうでないかの違いなのだと思います。

パティシエの面白さは、自分なりの「美味しさ」を生み出していくことだと思っています。最初にお話ししたように、洋菓子を勉強する場合に「基本」や「伝統」をしっかりと学ぶことは大切です。

ただ、それを単なる技術として習得するのではなく、「なぜ」その工程が必要なのか、「どうして」そういう配合が生まれたのかなどを理解することが大切。その〝理由〟が分かってこそ、新しい表現を生み出すことができるからなのです。

自分らしい表現を見つけよう

邪道といわれるかもしれませんが、僕は自分が食べて「美味しい」と感じるならば、それがお菓子の基本や伝統と違っていても構わないと思っています。逆に、そういった伝統や基本が長い時間をかけて大先輩によって整えられてきたからこそ、今の自分たちが色々なことに挑戦できる環境を与えていただいていると思います。

お菓子そのものの表現はもちろん、作り方やレシピ、素材の使い方などを含めて「自分らしい表現とはいったい何だろう」と、自問自答することがあります。

以前は、ある意味そういったフランス菓子の基本や伝統に縛られていた部分が多かった。作り方でも「カスタードはこう炊かないといけない」とか「スポンジの配合はこれがベスト」みたいな感じです。

でも今は、「自分が本当に美味しいと思う、〝ロートンヌ流〟のお菓子を食べてもらえればいい」と考えるようになりました。

「ロートンヌ」の持ち味は、日本人のお客様に親しみやすいケーキ。だったら、日本人が好きな柔らかさとか滑らかさ、繊細な味わいがダイレクトに感じられるようにすればいい。そういうケーキを作るには……？　といった具合です。

自分のスタイルや目標をしっかりと持ったうえで、それを実現するための方法や手段を考えていくことが、大切だと思います。僕が一番大切にしているのは「感謝力」そして「菓子道」です。

ロートンヌ　秋津本店
住所／東京都東村山市秋津町5-13-4
電話／042-391-3222
営業時間／11：00～21：00　水曜定休
http://www.lautomne.jp/

浦和ロイヤルパインズホテル
シェフパティシエ

朝田晋平

あさだ　しんぺい

1963年大阪市生まれ。1982年プリンスホテル入社。新高輪プリンスホテル製菓課に勤務。12年間在籍後、パークハイアット東京 ペストリー課へ。横田秀夫氏の下でアシスタントペストリーシェフを務める。1998年浦和ロイヤルパインズホテル開業準備室着任。同ホテル開業とともにシェフパティシエ（製菓・製パンチーフ）に就任し、活躍を続ける。

お菓子を好きになれば本当の〝楽しさ〟が見えてくる。

繊細で芸術的な部分と、子供から年配まで誰にでも好かれる親しみやすさ。朝田晋平シェフの作るケーキや焼き菓子は、そんな両面を持っているのが魅力である。食べることが大好きで、「食品関係の仕事に就きたい」と憧れていた学生時代、才能にあふれる先輩パティシエの〝洗礼〟を受け続けた修業時代――。そんな中、朝田シェフにとってお菓子は仕事としてだけではなく、〝生活そのもの〟となっている。自分の目指すものをしっかりと見つめる強さが、朝田シェフのことばには表れる。

子供の頃から、お菓子だけに限らず食べることは大好きでした。

生まれたのは大阪ですが、父の仕事の関係で転校が多かったんです。小学校、中学校で計7回。そのせいか、子供のころからものおじせずに、どんな環境にもすぐに慣れてしまう〝特技〟がありましたね（笑）。常にちょこまか動いていて、クラスの中では中心的な存在。サッカー選手やパイロットに憧れる、本当に普通の活発な子供でした。

そんな中で、子供の頃から「食体験」に関しては恵まれていたと思います。名古屋、福岡、鳥取……と日本全国の色々な土地に住みましたから、その土地ならではの美味しいものを食べる機会もたくさんあったんです。親にも、色々なお店に連れていったもらった記憶があります。

転校、転校で慌ただしい生活だったけれど、その頃に培った食に関する経験は今の自分に大いに反映されている気がします。特に「その土地ならでは」というキーワードは、心に刻み込まれていますね。パティシエになった今でも、全国の食材探しは大好き。産地ならではのいいフルーツを見つけたり、生産者の方を訪ねたりするとワクワクします。

そんな私が、漠然と「食べ物関係の仕事をやってみたい」と考えるようになったのは高校時代になってからです。高校は食品関係の学科に通っていたので、最初のうちはどちらかというと食品の開発とか研究とか、食品メーカーの技術者のような仕事を目指していました。

それが、「実際に作る仕事」に興味を持ち始めたのは、高校3年のときにパン屋さんでアルバイトをしてからでしょうね。

粉やバターといった、本当にシンプルなどこにでもある素材が、職人の手で美味しい商品に〝変身〟していく――。

「食べるのが好きだから食べ物関係の仕事がいいな」くらいの、軽い考えだった高校生にとっては衝撃的だったわけです。職人仕事の現場を目の当たりにしたときの新鮮な感動は、今でもはっきりと覚えています。

その当時はケーキ職人やパン職人というよりも「料理人になりたい」と考えていました。お菓子という単体の商品だけではなく、より広く食べ物の世界に携わってみたかったというのが理由です。

ただ、料理人、ケーキ職人といった職業に対して今ほど認識されていない時代だったので、当然のごとく父には猛反対をされました（笑）。親としては、「もっと安定した職業に就いてほしい」というのが本音だったのでしょう。

説得の末、ようやく理解してくれた父が、プリンスホテルの料理長をなさっていた栗田シェフを引き合わせてくれたことが、結果的には私のパティシエとしてのスタートとなりました。

「料理人になりたいんです」。私が、勢い込んで栗田さんにそう伝えたとき、言われたことは「将来はキュイジニエ（料理人）になるにしても、お菓子を勉強しておいて損はないよ。まず、お菓子をやってみなさい」。

まさに、そのひと言が私の人生を変えました（笑）。なるほど、柔軟な考えを持つというのはこういうことかと思ったわけです。そこで、高校卒業後すぐに新高輪プリンスホテルの製菓課に入りアルバイトとして2年間勤務し、その後、正社員になりました。

目標を実現するための〝ベスト〟を考える

パティシエや料理人を目指そうとしたときに、調理師学校や製菓学校に進学するという選択肢もありました。ただ、私がいつも考え続けたのは「自分の目標に到達するために、今何をするのが一番いいか」ということです。

高校を卒業してからすぐに現場に入れば、仕事を覚えながら給料ももらえる。一石二鳥ですよね。私は、お菓子作りに関して何の知識も持ち合わせていなかったので、早く仕事を覚えて一人前になりたいという気持ちも強かったのです。

「目標を決めて、それに向かってまい進する」というスタイルは、子供の頃から変わっていないようです。「これがやりたい」と自分が興味を持ったら、何が何でも実現してやる、といった根性というか、負けず嫌いというか（笑）。

とにかく、「絶対に結果を出してやる」という強い想いを持ち続けることは、どんな仕事をやるにしても大切だと思います。

プリンスホテルに就職する前の私にとって、お菓子は料理人というカテゴリーの中の1セクションという捉え方でした。しかし、実際にその世界に足を踏み入れて感じたのは、予想した以上の奥深さ。そして、自分が目指すところになかなかたどり着けないもどかしさでした。

自分に満足したら歩みが止まる

スポンジひとつ焼くにも、思ったように仕上がらない日が続きました。私は、いわゆる〝天才肌〟ではなく、一歩一歩努力を重ねて進歩していくコツコツ型だと思っています。天賦の才能がない分、人よりも努力して技術を高めたい。同期よりもいい仕事をしたい、今よりも高い技術を追求したいと考えました。

そのためには、何をするか——。

一番手っ取り早いのは、朝早く出勤して先輩や同僚よりも早く仕事を始めることです。次の日に1時間でも早く出勤して、前の日にできなかった仕事をもう一度練習してみる。できなければ、休日出勤もして何度もトライする。

プリンのカラメルを作ったとき、仕事中にいいものができずにやり直しもさせてもらえなかったことがあります。当然、翌日は早朝出勤です（笑）。先輩に認めてもらいたくて何回も練習しました。

その甲斐あって、次の機会には無事に成功。先輩に「ＯＫ」のことばをもらったときの嬉しさは、何にも勝るものでした。

ひとつひとつが、技術を向上するための積み重ねなんですね。そうやってがむしゃらに頑張ったことが、今の自分の土台を作っているのだと感じます。

先ほどもお話しした通り、私は決して天才肌の人間ではありません。これだけ経験を積んだ今でも、「自分は人よりも優れた感性を持っている」と考えたことは一度もないのです。思えば、そう感じることが自分の向上心やお菓子作りへの想いを支えてきたともいえるのです。

感性が劣っていると自覚しているから、人よりも努力していいものを作りたいと願う。特に最初は、ケーキのことは素人同然でしたから、「銀座コージーコーナー」や「不二家」など、誰もが知っている大手のケーキ屋さんの商品をはじめ、色々なパティスリーのお菓子を、暇さえあれば食べまくりました。

どんなものでもニュートラルな目で観察すれば、何かしらのヒントが見つかる。それを自分のお菓子作りの引出しにできるのです。

また、常に「今よりもいいものを絶対に作る」という信念を持ち続けることも大切だと思っています。

私は、これまで作ってきたお菓子の中で、〝これが完璧〟と自慢できるものは、まだありません。もちろん、その瞬間ごとの自分のベストは尽していますが、それはあくまでも〝今のタイミングでの〟ベストだと考えているのです。

自分自身が進化すれば、さらにいいものを作れる可能性は必ずあるはず。自分に満足感を持った瞬間に、その歩みは止まってしまう……。ずっと、そんな想いで仕事を続けています。

浦和ロイヤルパインズホテル シェフパティシエ
朝田晋平

クラスの中心的な存在だった子供時代

父の仕事の関係で、転校続きだった小学校、中学校時代。ものおじしない性格は、その時の経験もきっかけに。また、日本各地の食に触れる機会もあった。

「出会い」が自分を成長させてくれた

新高輪プリンスホテルには、18歳から12年間在籍しました。プロとしての最初の成長期を過ごした職場は、とても思い出深い場所です。パティシエとして様々な経験を積みましたが、仕事の中で出会った上司や先輩から受けた影響も、今の自分にとって大切なベースとなっているのです。

パティシエになって最初の上司は、五島（ごしま）竹次郎シェフでした。五島シェフには、パティシエとしての技術の部分に増して、〝人間としての在り方〟を教わりました。いわゆる昔ながらの〝親方気質〟の方で、面倒見もよく、可愛がってもらいました。

たとえば、私が先輩よりも早く仕事場に行って黙々と仕事をしている様子も、実は見ていないようでちゃんと見ていてくれる。その努力を認めてくれる度量がありがたかったですね。

私が、パークハイアット東京に移ろうと五島さんに相談をしたとき、最初は1週間くらい全然口を聞いてくれなかったんですよ。でも、その後で「ダメだったら、俺がなんとかしてやるから」と、ぶっきらぼうにことばをかけてくれた。涙が出るほど嬉しかったですね。この人の下で仕事をしていて本当に幸せだったと、改めて思いました。

新高輪プリンスホテル時代に、もう一人影響を受けた先輩といえば後藤順一シェフ（現・グランドハイアット東京）ですね。その当時、私はピエスモンテ（飾り菓子）などで徐々にコンクールに出場し始めた頃で、〝芸術としての〟お菓子作りに関しては見よう見まねの新参者でした。

そんな時に、プリンスグループのパティシエが集まって大きな作品を作る機会があり、初めて後藤シェフと一緒に仕事をしたんです。「才能があるというのは、こういう人のことだな」と思いました。

ピエスモンテに対する後藤さんの想いと芸術性の高さは、傍で見ているだけでもとても感動しました。自分はまだまだ甘い、追いつけないという感じ。どんな発想で作品を作り込んでいくのか、また理想の仕上がりまで持っていくには、どれだけ緻密な準備が必要なのか……など。とにかく勉強になりました。

私の場合、コンクールに出場していても、なかなか思うような成果が上げられない時代が続いていて、「もう出品するのはやめてしまおう」と思った時期もありました。そんな時に、後藤シェフは「勝つまでやれ！」と言ってくれたんです。このことばは、私にとってとても大きかった。

それまでは、コンクールで「勝つ」ことだけを意識するあまり、自分が作りたい作品を楽しんで作るという原点を忘れていたのだと思います。後藤シェフにそう言われて、自分のアイデンティティを改めて見直したんです。「自分が今、挑戦したい目標は何なんだろう」と。

それが、ずっと苦手意識を持っていたチョコレートだったのです。苦手だからこそ、努力して自分の納得できるものに仕上げたい――。目標に向かってまい進するという、自分の原点に立ち戻ったとき、やっと自分の感性がストレートに表現できたのだと思います。

作る人の魅力はお菓子から伝わる

私の転機となったもうひとつの出来事が、横田秀夫シェフ（現・菓子工房オークウッド　オーナーパティシエ）との出会いでしょう。

横田シェフとは、コンクールで出会ったのが最初です。その当時、東京全日空ホテル（現・ANAインターコンチネンタルホテル東京）にいらした横田シェフは、コンクールというコンクールを総なめしているような有名人でした。後藤シェフと同じく、私にとっては〝憧れの人〟だったわけです。

その横田シェフに、「二番をやらないか」と声をかけてもらったのですから、心が動かないはずがありません。自分の力を外で試す、大きなチャンスがやってきたと思いました。

ただ、かなり悩みもしましたね。新高輪プリンスホテルに12年間在籍してきて、ようやく現場を任されるだけのキャリアも積んでいましたから、そこで「頂点に立ちたい」という夢もありました。それが、自分を育ててくれた親方・五島シェフに対する恩返しだとも考えていたんです。

そんな私に対して、横田シェフはこんなことを言ってくれました。「外に出て、自分が成功することも恩返しじゃないか。その時に、自分の親方は五島さんです、と胸を張っていう。それが、自分の才能を認めて育ててくれた人への最大のプレゼントになる」と。

そのことばで、それまで迷っていた気持ちがすっきりと吹っ切れました。

パークハイアット東京のペストリーブティックといえば、現在でもスタイリッシュでモードな洋菓子を発信するお店として人気を博しています。私が在籍した1994年からの4年間も、まさに〝横田ワールド〟に溢れていました。

私も、12年間のホテル勤務の中で、多少なりとも研鑽を積んできたつもりだったのですが、横田シェフの仕事を横で見ていると「知識も技術力もまだまだ足りなかったんだ」ということを痛感しました。

そこで、また努力の日々です（笑）。日常の仕事も、コンクールもわき目もふらずに挑戦し続けましたね。

こうお話しすると、私がいつもがむしゃらに努力をし続ける人間のように感じるかも知れませんが、それは〝目標となること〟〝目標となる人〟が常に身近に存在していたからなのです。それは、本当に恵まれていたと思います。目標がなければ、それを成し遂げた達成感も生まれないですから。

新しい上司となった横田シェフも、私にとって大きな目標になりました。

横田シェフの尊敬すべきところは、パティシエとしての高い技術力だけでなく人間としての優しさや温かさを持っているところ。そのバランスが絶妙だったんです。たとえば、部下との接し方ひとつをとってもそう。仕事を失敗すれば怒られるのは当たり前ですが、そこで部下が「なぜ自分は怒られているのか」を納得できる怒り方ができる人でしたね。自分がなぜ失敗して、なぜ怒られたのかを理解することは、そのひと自身の進歩にもつながります。

そして、そんな人間的な魅力や奥の深さは必ず作るお菓子にも表れるもの。私は、今の職場でも、若い子たちにそう伝えています。

高級ホテルよりも街場感覚で

パークハイアット東京での4年間は、技術的にもお菓子へのモチベーションにしても、様々な形でさらに自分を高められた時間でした。

たくさんのプラスの中でも、一番大きかったのは「自分がなりたいパティシエの姿」がはっきりと見えてきたことだと思います。

それは「高級志向の強い都内のホテル」ではなく、よりお客様に近いスタンスでお菓子を作ることでした。確かに、トレンドの先端をいくホテルで働けば、技術力やセンスも磨かれるでしょう。色々な新しいものも見る機会があります。

ただ、そこでは私のお菓子を食べてくれるお客様の顔が見えない。パティシエが店舗に顔を出すことは、まずないですから。どんなお客様が、どんな顔でケーキを選んでくれているのか。また、どんな嬉しそうな顔でそのケーキを食べてくれているのか――。

それを実感したいと考えたら、理想はオーナーになることだと思いました。ただ、私がなぜ独立という道を選ばずに、現在の職場を選んだかといえば、「お菓子というジャンルの中で色々なことに挑戦したい」と考えたからです。

ホテルの場合は、ペストリーショップで販売するテイクアウトのケーキや焼き菓子だけでなく、カフェやレストランで提供するデザート、ブライダルなどの宴会で出されるお菓子、コンクールに出品するようなピエスモンテ……と、幅広いものを作れる。それが魅力だったのです。

ホテルのような多彩な仕事と、個人店のようにお客様の〝顔が見える〟スタイル。それを両立させようとするのは、本来虫のいい話です。でも、両方かなえられる場所があった。今の職場、浦和ロイヤルパインズホテルです。

私が開業準備室に入るときにお願いしたことは、製菓・製パンのスタッフは自分で集めたいということ。それから、厨房やペストリーショップのレイアウトも自分に考えさせてほしいということです。

ホテルでありながら、個人店の感覚ですよね（笑）。普通だったらありえない

コンクール出場が成長のきっかけに

“人より少しでも早く”出勤して、技術を磨こうとがむしゃらに頑張った新高輪プリンスホテル時代。コンクールに出場し続けたことも、モチベーションアップの要因に。

ことです。一パティシエのそんなことばを、快く受け入れてくれた会社には、すごく感謝しています。理想的な環境を与えてもらえたと思っています。

よりお客様に近い目線で「お客様が食べたいと感じるものを作りたい」というのが、私のモットー。店舗のフェアの企画も自分でやりますし、地元のお客様に向けてお菓子教室なども開催しています。

印象に残る〝何か〟を表現する

私がお菓子を作るときに、いつも願っていることがあります。それは、「これを食べたお客様に〝何か〟を感じてもらいたい」ということ。味のことだけでなく、ケーキの色がきれい、とか形が変わっているとか大きさとか、感じることは何でも構わないんです。ただ、私のお菓子を通してお客様の心に〝何か〟印象が残れば幸せだなと考えています。

私も、コンクールに数多く出場したおかげで、「見た目」、「インパクト」という部分では印象的な形やデコレーション、色の組み合わせなど技のバリエーションは持ち合わせていると思います。それに加えて、お客様が「美味しい」と感じるものを生み出せるのが理想ですね。

たとえば、昨年からおすすめ商品としてお出ししているのが「和三盆のロールケーキ」。使っている和三盆は、四国で探し当てて取り寄せている素材です。「ナチュラルで優しい美味しさですね」ということばをいただきますが、これは私が「お客様に食べてほしい」という味と、お客様が「美味しい」と感じる味のバランスが上手にとれた例といえるでしょう。派手なデコレーションは一切ありませんが、素材のナチュラル感や産地にこだわる、私の想いが伝わったお菓子のひとつです。

〝印象に残る〟お菓子を作るためには、色々なコンクールに出場して外の世界を知り、自分自身の引き出しを増やしていくことも有効です。自らの限界点を高く引き上げていくことにもなるからです。

ですから、私はスタッフにも積極的にコンクールに出場することを勧めていますし、なるべく多くのスタッフにそういう機会を作ってあげたいと考えています。

ただ、そこで忘れてはならないのは、コンクールはあくまでも「自分のために出場するのだ」ということです。ある意味自分への挑戦です。パティシエという職業に立ち戻ったときは、「お客様のために作る」ことが大前提。そこを忘れて技術だけに走ってしまうと、きれいで美味しいが、「何の印象にも残らない」お菓子が出来上がってしまうのではないでしょうか。

パティシエには1／100、お客様には100／1

スタッフに、そして自分自身にも言い聞かせているのは「常に妥協しないお菓子作りをしろ！」ということです。私がスタッフをしかった時にいったのが「パティシエにとっては100分の1のケーキでも、お客様にとっては1分の100

なんだ」。

つまり、毎日多くのケーキを作るパティシエにとっては、100個のうちの1個に過ぎないかもしれないが、それを食べるお客様にとっては唯一のもの。ほんの少しの落ち度でも一事が万事につながるのだから、絶対に気を抜いてはいけないということなのです。

以前、クリスマスシーズンの忙しい最中に、厨房の動きをすべてストップさせてそこにいる部下全員に怒ったことがあります。クリスマスケーキの製作で、何日も徹夜が続いていてみんなフラフラの状態ですから、当然嫌がられますよね(笑)。でも、何としても言っておきたかったのです。

その時、厨房はクリスマスケーキ中心に動いていましたが、当然それ以外の通常の商品も作らなくてはならない。そんな時に、通常商品のケーキを作っているスタッフの一人が、デコレーションで手を抜いてしまったのがわかった。即、厨房全体の動きを止めました。

「クリスマスケーキを買っていくお客様もたくさんいる。でも、いつもの小さなケーキをクリスマスケーキとして楽しみに選んでいくお客様もいる。どちらのお客様も我々にとっては大事なはず。だから、すべてのお客様に喜んでもらえるようにベストを尽くさなければならない」。私が伝えたかったのは、このことばでした。

食べてくださるお客様をないがしろにして、自分たちの都合だけで仕事をするのは、パティシエとして絶対にしてはならないことです。それを、その時たまたま失敗したスタッフだけでなく、全員にわかってほしかったのです。スタッフはひとつのチームですから。

作ることに「楽しさ」を見出そう

「お菓子が好きでパティシエになったのだから、作るのは好きで当たり前」。そう思われるかも知れません。でも、パティシエの仕事は、メディアに取り上げられるような華やかな部分だけではありません。朝も早いし、力仕事も多いですしね。メディアでクローズアップされたところだけに憧れを持って入ってくる子の中には、仕事がきつくて途中で辞めてしまうケースもあります。

私が、これからパティシエを目指す人や、シェフになりたい、独立したいと考える人たちにアドバイスをするとしたら、「まずお菓子を大好きになること」です。単純に〝食べるのが好き〟〝作るのが好き〟というレベルではなく、それらを超えてとことん好きになることが大切だと思うのです。ある意味、人生に欠かせないものといった感覚でしょうか。

好きになると、楽しみながら仕事ができるようになります。「このお菓子はどんな人が食べるのだろう」と、お客様の顔を思い浮かべながら作る。本来は、誰が食べるかわからない商品ですが、そこにパティシエの想いが込められることで、お菓子は一層魅力的になるのです。

また、私のパティシエ経験の中でも大きなキーワードになりましたが、「常に自分の中で目標をしっかりと持つこと」です。

スポンジがきれいに焼けるようになりたい、カラメルが上手に作れるようになりたいといった、日々の目標を積み重ねるのもいいでしょう。またコンクールで優勝したい、独立したいといったものでもいい。まずは、ひとつひとつ楽しみながら実現していくことが、ステップアップにつながっていくのだと思います。

浦和ロイヤルパインズホテル
住所／埼玉県さいたま市浦和区仲町2−5−1
電話／048−827−1111（代表）
http://www.royalpines.jp/urawa

人気パティシエのDNA

発行日　平成21年3月24日初版発行

編者　旭屋出版編集部《あさひやしゅっぱんへんしゅうぶ》

発行者　早嶋　茂

制作者　永瀬正人

発行所　株式会社旭屋出版

〒162-8401　東京都新宿区市谷砂土原町3-4

郵便振替　00150-1-19572

電話　03-3267-0865（販売）

03-3267-0862（広告）

03-3267-0867（編集）

FAX　03-3268-0928（販売）

旭屋出版ホームページURL http://www.asahiya-jp.com

撮影　後藤弘行　曽我浩一郎（本誌）　ナリタナオシゲ

野辺竜馬　能登文雄

デザイン　小森秀樹

編集　井上久尚

取材　らいむす企画　高橋昌子　三上恵子　源川暢子

印刷・製本　株式会社シナノ

ISBN978-4-7511-0820-8　C0030　¥1500E